はじめに

　新型コロナウイルス感染症の影響により、これまでの働き方が見直されており、スマートフォンやクラウドサービス等を活用したテレワークやオンライン会議など、距離や時間に縛られない多様な働き方が定着しつつあります。

　今後、第5世代移動通信システム（5G）の活用が本格的に始まると、デジタルトランスフォーメーション（DX）の動きはさらに加速していくと考えられます。

　こうした中、企業では、生産性向上に向け、ITを利活用した業務効率化が不可欠となっており、クラウドサービスを使った会計事務の省力化、ECサイトを利用した販路拡大、キャッシュレス決済の導入など、ビジネス変革のためのデジタル活用が進んでいます。一方で、デジタル活用ができる人材は不足しており、その育成や確保が課題となっています。

　日本商工会議所ではこうしたニーズを受け、仕事に直結した知識とスキルの習得を目的として、IT利活用能力のベースとなるMicrosoft®のOfficeソフトの操作スキルを問う「日商PC検定試験」をネット試験方式により実施しています。

　特に企業実務では、伝えたい情報を聞き手にきちんと理解してもらうことが大切で、そのためには正確で分かりやすいプレゼン資料の作成が求められています。

　同試験のプレゼン資料作成は、プレゼンソフトを活用して、プレゼンの資料や企画・提案書等の作成、およびその取り扱いを問う内容となっております。

　本書は「プレゼン資料作成2級」の学習のための公式テキストであり、試験で出題される、実践的なプレゼンソフトの機能や操作方法を学べる内容となっております。

　また、さらに1級を目指して学習される方の利便に供するため、付録として1級サンプル問題も収録しました。

　本書を試験合格への道標としてご活用いただくとともに、修得した知識やスキルを活かして企業等でご活躍されることを願ってやみません。

2021年11月

日本商工会議所

本書を購入される前に必ずご一読ください
本書は、2021年9月現在のPowerPoint 2019（16.0.10375.20036）、PowerPoint 2016（16.0.4549.1000）に基づいて解説しています。
本書発行後のWindowsやOfficeのアップデートによって機能が更新された場合には、本書の記載のとおりに操作できなくなる可能性があります。あらかじめご了承のうえ、ご購入・ご利用ください。

日商PC **Contents**

Contents

本書をご利用いただく前に

本書で学習を進める前に、ご一読ください。

1 本書の記述について

説明のために使用している記号には、次のような意味があります。

記述	意味	例
[____]	キーボード上のキーを示します。	[Enter] [Delete]
[____]+[____]	複数のキーを押す操作を示します。	[Shift]+[Enter] ([Shift]を押しながら[Enter]を押す)
《　　　》	ダイアログボックス名やタブ名、項目名など画面の表示を示します。	《ホーム》タブを選択します。 《スライドショーの設定》ダイアログボックスが表示されます。
「　　　」	重要な語句や機能名、画面の表示、入力する文字列などを示します。	「プレゼン資料」と呼びます。 「内容」と入力します。

 PowerPointの実習

 問題を解くためのポイント

 学習の前に開くファイル

 標準的な操作手順

* 用語の説明

 PowerPoint 2019の操作方法

※ 補足的な内容や注意すべき内容

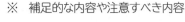 PowerPoint 2016の操作方法

 操作する際に知っておくべき内容や知っていると便利な内容

2 製品名の記載について

本書では、次の名称を使用しています。

正式名称	本書で使用している名称
Windows 10	Windows 10　または　Windows
Microsoft Office 2019	Office 2019　または　Office
Microsoft PowerPoint 2019	PowerPoint 2019 または PowerPoint
Microsoft PowerPoint 2016	PowerPoint 2016 または PowerPoint
Microsoft Excel 2019	Excel 2019　または　Excel
Microsoft Excel 2016	Excel 2016　または　Excel
Microsoft Word 2019	Word 2019　または　Word
Microsoft Word 2016	Word 2016　または　Word

3 学習環境について

本書を学習するには、次のソフトウェアが必要です。

> PowerPoint 2019 　または　 PowerPoint 2016
> Excel 2019 　または　 Excel 2016
> Word 2019 　または　 Word 2016

本書を開発した環境は、次のとおりです。
- OS：Windows 10（ビルド19042.928）
- アプリケーションソフト：Microsoft Office Professional Plus 2019
　　　　　　　　　　　　　　Microsoft PowerPoint 2019（16.0.10375.20036）
　　　　　　　　　　　　　　Microsoft Excel 2019（16.0.10375.20036）
　　　　　　　　　　　　　　Microsoft Word 2019（16.0.10375.20036）
- ディスプレイ：画面解像度　1024×768ピクセル

※インターネットに接続できる環境で学習することを前提に記述しています。
※お使いの環境によっては、画面の表示が異なる場合や記載の機能が操作できない場合があります。

◆Office製品の種類

Microsoftが提供するOfficeには、「ボリュームライセンス」「プレインストール」「パッケージ」「Microsoft 365」などがあり、種類によって画面が異なることがあります。
※本書は、ボリュームライセンスをもとに開発しています。

●Microsoft 365で《ホーム》タブを選択した状態（2021年9月現在）

◆画面解像度の設定

画面解像度を本書と同様に設定する方法は、次のとおりです。

①デスクトップの空き領域を右クリックします。

②《ディスプレイ設定》をクリックします。

③《ディスプレイの解像度》の □ をクリックし、一覧から《1024×768》を選択します。

※確認メッセージが表示される場合は、《変更の維持》をクリックします。

◆ボタンの形状

ディスプレイの画面解像度やウィンドウのサイズなど、お使いの環境によって、ボタンの形状やサイズが異なる場合があります。ボタンの操作は、ポップヒントに表示されるボタン名を確認してください。

※本書に掲載しているボタンは、ディスプレイの画面解像度を「1024×768ピクセル」、ウィンドウを最大化した環境を基準にしています。

◆スタイルや色の名前

本書発行後のWindowsやOfficeのアップデートによって、ポップヒントに表示されるスタイルや色などの項目の名前が変更される場合があります。本書に記載されている項目名が一覧にない場合は、任意の項目を選択してください。

本書で使用する学習ファイルは、FOM出版のホームページで提供しています。
ダウンロードしてご利用ください。

ホームページ・アドレス

https://www.fom.fujitsu.com/goods/

※アドレスを入力するとき、間違いがないか確認してください。

ホームページ検索用キーワード

FOM出版

◆ダウンロード

学習ファイルをダウンロードする方法は、次のとおりです。

① ブラウザーを起動し、FOM出版のホームページを表示します。

※アドレスを直接入力するか、キーワードでホームページを検索します。

②《ダウンロード》をクリックします。

③《資格》の《日商PC検定》をクリックします。

④《日商PC検定試験 2級》の《日商PC検定試験 プレゼン資料作成 2級 公式テキスト&
問題集 PowerPoint 2019/2016対応 FPT2106》をクリックします。

⑤「fpt2106.zip」をクリックします。

⑥ ダウンロードが完了したら、ブラウザーを終了します。

※ダウンロードしたファイルは、パソコン内のフォルダー《ダウンロード》に保存されます。

◆ダウンロードしたファイルの解凍

ダウンロードしたファイルは圧縮されているので、解凍（展開）します。
ダウンロードしたファイル「fpt2106.zip」を《ドキュメント》に解凍する方法は、次のとおりです。

① デスクトップ画面を表示します。

② タスクバーの ■ （エクスプローラー）をクリックします。

③《ダウンロード》をクリックします。

※《ダウンロード》が表示されていない場合は、《PC》をダブルクリックします。

④ ファイル「fpt2106」を右クリックします。

⑤《すべて展開》をクリックします。

⑥《参照》をクリックします。

⑦《ドキュメント》をクリックします。
※《ドキュメント》が表示されていない場合は、《PC》をダブルクリックします。

⑧《フォルダーの選択》をクリックします。

⑨《ファイルを下のフォルダーに展開する》が「C:¥Users¥(ユーザー名)¥Documents」に変更されます。

⑩《完了時に展開されたファイルを表示する》を☑にします。

⑪《展開》をクリックします。

⑫ファイルが解凍され、《ドキュメント》が開かれます。

⑬フォルダー「日商PC プレゼン2級 PowerPoint2019／2016」が表示されていることを確認します。
※すべてのウィンドウを閉じておきましょう。

◆学習ファイルの一覧

フォルダー「日商PC プレゼン2級 PowerPoint2019／2016」には、学習ファイルが入っています。タスクバーの ▣ (エクスプローラー) →《PC》→《ドキュメント》をクリックし、一覧からフォルダーを開いて確認してください。

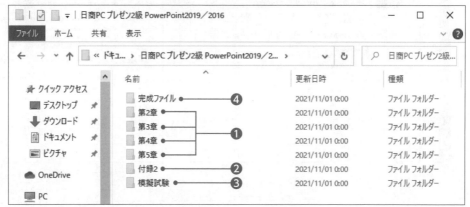

❶第2章／第3章／第4章／第5章
各章で使用するファイルが収録されています。

❷付録2
1級サンプル問題で使用するファイルが収録されています。

❸模擬試験
模擬試験（実技科目）で使用するファイルが収録されています。

❹完成ファイル
各章の確認問題と模擬試験（実技科目）の操作後の完成ファイルが収録されています。

◆学習ファイルの場所

本書では、学習ファイルの場所を《ドキュメント》内のフォルダー「日商PC プレゼン資料作成2級 PowerPoint2019／2016」としています。《ドキュメント》以外の場所に解凍した場合は、フォルダーを読み替えてください。

◆学習ファイル利用時の注意事項

ダウンロードした学習ファイルを開く際、そのファイルが安全かどうかを確認するメッセージが表示される場合があります。学習ファイルは安全なので、《編集を有効にする》をクリックして、編集可能な状態にしてください。

| 保護ビュー 注意—インターネットから入手したファイルは、ウイルスに感染している可能性があります。編集する必要がなければ、保護ビューのままにしておくことをお勧めします。 | 編集を有効にする(E) | × |

---

5 効果的な学習の進め方について

本書をご利用いただく際には、次のような流れで学習を進めると、効果的な構成になっています。

1 知識科目対策 および 実技科目対策

第1章～第5章では、プレゼン資料作成2級の合格に求められる知識やPowerPointの技能を学習しましょう。章末には学習した内容の理解度を確認できる小テストを用意しています。

5

本試験と同レベルの模擬試験にチャレンジしましょう。
時間を計りながら解いて、力試しをしてみるとよいでしょう。

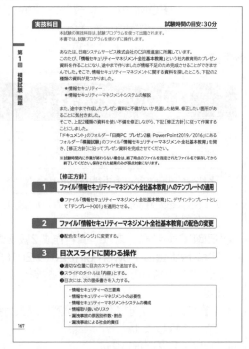

模擬試験を採点し、弱点を補強しましょう。
間違えた問題は各章に戻って復習しましょう。
別冊に採点シートを用意しているので活用してください。

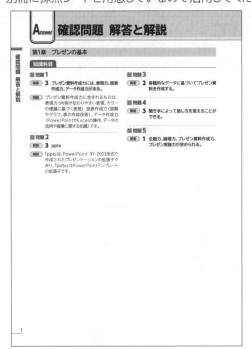

模擬試験を学習する際は、「採点シート」を使って採点し、弱点を補強しましょう。
FOM出版のホームページから採点シートを表示できます。必要に応じて、印刷または保存してご利用ください。

◆採点シートの表示方法

パソコンで表示する

① ブラウザーを起動し、次のホームページにアクセスします。

https://www.fom.fujitsu.com/goods/eb/

※アドレスを入力するとき、間違いがないか確認してください。

②「日商PC検定試験 プレゼン資料作成 2級 公式テキスト&問題集 PowerPoint 2019/2016対応（FPT2106）」の《特典を入手する》をクリックします。

③ 本書の内容に関する質問に回答し、《入力完了》を選択します。

④ ファイル名を選択します。

⑤ PDFファイルが表示されます。

※必要に応じて、印刷または保存してご利用ください。

スマートフォン・タブレットで表示する

① スマートフォン・タブレットで下のQRコードを読み取ります。

②「日商PC検定試験 プレゼン資料作成 2級 公式テキスト&問題集 PowerPoint 2019/2016対応（FPT2106）」の《特典を入手する》をクリックします。

③ 本書の内容に関する質問に回答し、《入力完了》を選択します。

④ ファイル名を選択します。

⑤ PDFファイルが表示されます。

※必要に応じて、印刷または保存してご利用ください。

7　本書の最新情報について

本書に関する最新のQ&A情報や訂正情報、重要なお知らせなどについては、FOM出版のホームページでご確認ください。

ホームページ・アドレス

https://www.fom.fujitsu.com/goods/

※アドレスを入力するとき、間違いがないか確認してください。

ホームページ検索用キーワード

FOM出版

第1章
プレゼンの基本

STEP 1　プレゼン全体の流れ

プレゼンは、顧客に商品を提案する場や会議の場などで、広く実施されています。さまざまな情報を的確に伝えるために、プレゼンの重要性はますます高まり、その技術は業務を遂行するうえで不可欠なものになっています。

1　プレゼンとは

「プレゼン」とは、主張、意見、アイデアなどを説明し、聞き手の理解と納得を通じて、発表者の意図した結果を得るための積極的な行動を指す言葉です。プレゼンは、「プレゼンテーション」を略した用語です。本書では、プレゼンテーションという用語はPowerPointで作成したファイルそのものを指すときに使っています。一般用語のプレゼンテーションと区別するために、一般用語を指すときはプレゼンと呼んでいます。

プレゼンでは、一般に投影のためのデータと配布のための資料を用意します。本書では、このデータと資料を合わせて「**プレゼン資料**」と呼びます。プレゼンを実施するうえで重要なことは、わかりやすいプレゼン資料を用意することと、プレゼン資料を使ってわかりやすい説明をすることです。

「日商PC検定試験　プレゼン資料作成　2級」が対象としているのは、プレゼン資料の作成技術です。わかりやすいプレゼン資料を作成する技術は、プレゼンの成果を上げるために欠かせないスキルです。

2　プレゼンの企画・設計から実施までの流れ

プレゼンは、プレゼンの企画・設計、プレゼン資料の作成、プレゼンの実施という3つのステップで行われます。

1　プレゼンの企画・設計

- プレゼンの主題・目的・ゴールの明確化
- 聞き手の分析
- プレゼンの説明順序や訴求ポイントの明確化

2　プレゼン資料の作成

- プレゼン資料のデータ作成
- 配布資料の作成

3　プレゼンの実施

- プレゼンの準備
- プレゼンの実施
- アフターフォロー

❶ プレゼンの企画・設計

プレゼンの最初のステップになる企画は、プレゼンの主題や目的、ゴールを明確にする大事なステップです。どのような方針でプレゼン資料を作っていくのかを明確にしたり、聞き手の分析をしたりするのも企画の作業になります。

設計は、企画の内容に沿ってアイデアをまとめ、説明項目と説明の順序を決めるステップです。その内容は、プレゼン資料のわかりやすさと質に大きく影響します。

プレゼンの企画・設計の詳細は、第2章で説明します。

❷ プレゼン資料の作成

プレゼンの企画・設計が済んだら、必要な情報や資料を集めてプレゼン資料の作成に入ります。

プレゼン資料は、伝えたい内容を確実に伝えることができるわかりやすいものでなければなりません。プレゼン資料として作成する各スライド*¹の内容は、メッセージが明確で、聞き手の理解を深め、伝えたいことが的確に伝わることが大事です。図解、グラフ、表などの図表を効果的に使うと、理解しやすくなり印象にも残ります。

プレゼン資料を作成するツールとしては、PowerPointが広く使われています。PowerPointはプレゼン用のソフトであり、プレゼンテーション*²を効率よく作成することができます*³。

プレゼン資料の作成のステップでは、PowerPointを使って文字や図解、表、グラフ、画像などを配置しながら、高品位のスライドを簡単に作成できます。Excelで作成した表やグラフを取り込んで利用することも簡単にできます。

また、いったんPowerPointでプレゼン資料のデータを作成すれば、配布資料の作成も簡単です。さらに、「ノート」と呼ばれる、発表者用の資料を用意して、スライドごとに話の要点を書き込んでおくと、プレゼン実施のときに活用できます。

プレゼン資料作成の詳細は、第3章、第4章で説明します。

*¹ PowerPointで作成するプレゼンテーションのそれぞれのページ(画面)を、「スライド」と呼びます。

*² PowerPointで作成したファイルは「プレゼンテーション」という呼び方以外に、「プレゼンテーションファイル」という呼び方もあります。
本検定試験では、PowerPointのバージョンを2013、2016、2019としており、プレゼンテーションの拡張子は「.pptx」です。

*³ PowerPointは、設計のステップでも使えます。設計のステップで、PowerPointのアウトライン機能を利用すれば、全体の構成を検討しながら文字を入力し、各スライドに展開していくことができます。
アウトラインの使い方は、P.33「第2章 STEP4 プレゼンテーションの作成で効果的に使える機能」で説明します。

❸ プレゼンの実施

プレゼン資料が作成できたら、プレゼンの実施のステップに移ります。プレゼンで話す内容を決め、必要であればリハーサルを行います。また、機器の準備、配布資料の準備、会場の確認、質疑応答の準備など、プレゼン実施のための準備をします。

プレゼンの実施では、プレゼン資料の配布、説明、質疑応答などを行います。一般的な実施方法は、PowerPointで作成したデータをプロジェクターや液晶ディスプレイで投影して、その画面を指し示しながらプレゼンを進行するというものです。

スライドショーでは、タイトルスライドから順番どおりに画面に表示されます。さらに、「**動作設定ボタン**[*1]」を使ってスライド間を行き来させたり、「**目的別スライドショー**[*2]」で目的に応じて必要なスライドだけを選択したり順番を入れ替えたりすることができます。

また、「**アニメーション**[*3]」や「**画面切り替え効果**[*4]」を使って変化を演出するほか、プレゼン実施中にスライドに文字や線を書き込んだり[*5]、ビデオ撮影をした動画や事前に準備した音楽を挿入して[*6]プレゼン中に再生したりすることもできます。

プレゼンが終わったらアフターフォローを行うことも大事です。アフターフォローでは、補足の情報提供、課題への対応、プレゼン全般のレビューなどを行います。

プレゼン実施の詳細は、第5章で説明します。

[*1] 同一ファイル内の別のスライドに移動したり、別のファイルを開いたりするためのリンクを設定できる機能です。詳細は、P.33「第2章　STEP4　プレゼンテーションの作成で効果的に使える機能」で説明します。

[*2] 必要なスライドだけを選択したり表示順序を入れ替えたりして、スライドショーの見せ方をアレンジできる機能です。詳細は、P.33「第2章　STEP4　プレゼンテーションの作成で効果的に使える機能」で説明します。

[*3] 箇条書きを1行ずつ表示させたり、図解やグラフに動きを加えたりする機能です。詳細は、P.131「第4章　STEP1　アニメーションの設定」で説明します。

[*4] 次のスライドに切り替わるときの画面に変化を付ける機能です。詳細は、P.135「第4章　STEP2　画面切り替え効果の設定」で説明します。

[*5] スライドショー実行中にマウスポインターの表示をペンや蛍光ペンに変えて、スライド上に文字や線を書き込むことができます。詳細は、P.153「第5章　STEP3　プレゼンの実施」で説明します。

[*6] 音楽や動画の再生・挿入については、P.137「第4章　STEP3　音楽や動画の挿入」で説明します。

プレゼンに求められる能力

プレゼンを実施するには、さまざまな能力が求められます。主なものに、企画力、論理力、プレゼン資料作成力、プレゼン実施力があります。

1 企画力を身に付ける

説得力のあるプレゼンを展開していくためには、基本方針を立案して必要な情報を収集したり、問題を分析して解決したりしていくプレゼンの企画力が発表者側に求められます。同時に、聞き手の立場になって聞き手が求めているものを想定しながら聞き手の意識に迫っていくことも必要になります。そうすることによって、聞き手の興味を引き付け、説得力のあるプレゼンの内容を組み立てることができるようになります。

2 論理力を身に付ける

プレゼンの展開の仕方や内容は論理的に正しく組み立てます。非論理的な内容や矛盾が含まれていると、説得力に欠けるものになります。非論理的な展開や説明をしているプレゼンの内容には信頼性が欠けます。聞き手を説得するためには、全体像を把握しながら体系的に考えをまとめ、論理的なストーリー展開をすることが重要です。
論理的に組み立てるには、客観的なデータや事実に基づいて筋の通った展開で、結論を明確にします。結論に至る考え方の根拠を明確に提示しなければなりません。

■図1.1 論理的な組み立て

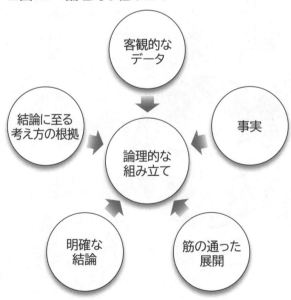

第1章

第2章

第3章

第4章

第5章

模擬試験

付録1

付録2

索引

3 プレゼン資料作成力を身に付ける

ストーリーに沿って、その内容をわかりやすいスライドにまとめれば、プレゼンはわかりやすいものになります。

プレゼンを成功させるためには、プレゼン資料作成力を身に付ける必要があります。プレゼン資料作成力として求められるものには、次のようなものがあります。

●表現力

- 内容を理解しやすく、メッセージが伝わりやすい表現ができる。
- カラーの理論に基づく表現ができる。

●図表作成力

- わかりやすい図解を作成できる。
- 見やすいグラフや表を作成できる。

●データ作成力

- PowerPointやExcelの操作ができる。
- データの流用や画像に関する知識がある。

表現力や図表作成力、データ作成力を発揮して作成したプレゼンテーションは、聞き手の理解を助けるのに役立ちます。図表の活用は、興味を引き付け、説明の時間を短縮できる効果もあります。また、優れた図解は、プレゼン内容の全体像や関係性をわかりやすく伝え、聞き手の記憶に長く留めることができます。

■図1.2　プレゼン資料作成力

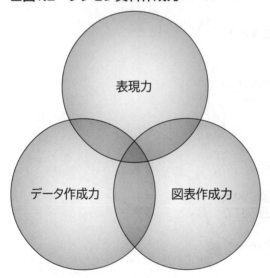

4 プレゼン実施力を身に付ける

プレゼン資料が大変見やすくわかりやすい内容で作られていたとしても、プレゼンの実施段階でわかりやすく伝わらなくては成功しません。プレゼン実施では、発表者自身の言葉によって伝えられます。発表者の話し方や態度、熱意など、プレゼン実施力も重要です。プレゼン実施力は、聞き手に好印象を与えるかどうか、プレゼンが成功するかどうかを大きく左右します。

プレゼン実施力としては、次のようなものがあります。

- わかりやすい表現で話す。
- 自分の言葉で話す。
- 肯定的な表現で話す。
- 適切な言葉づかいで正確に話す。
- 適切な速度・音声・発音で話す。
- 熱意と自信を持って堂々と話す。
- 全体の流れを考えながら、メリハリの付いた話し方をする。
- 聞き手によって話し方を変える。
- 正しい姿勢で話し、親しみやすい雰囲気を作る。
- アイコンタクトをとる。
- ジェスチャーを取り入れる。

第1章
第2章
第3章
第4章
第5章
模擬試験
付録1
付録2
索引

STEP 3 確認問題

解答 ▶ 別冊P.1

知識科目

■ **問題 1** プレゼン資料作成力について述べた文として、適切なものを次の中から選びなさい。

1 プレゼン資料作成力には、表現力、図解力、図表作成力がある。
2 プレゼン資料作成力には、文章力、カラー表現力、図解表現力がある。
3 プレゼン資料作成力には、表現力、図表作成力、データ作成力がある。

■ **問題 2** PowerPoint 2019やPowerPoint 2016、PowerPoint 2013で作成したプレゼンテーションの拡張子として、適切なものを次の中から選びなさい。

1 ppt
2 potx
3 pptx

■ **問題 3** プレゼンにおける論理的な考え方に含まれているものはどれですか。適切なものを次の中から選びなさい。

1 メッセージが伝わりやすい表現方法を理解している。
2 客観的なデータに基づいてプレゼン資料を作成する。
3 わかりやすい図解作成の方法を理解している。

■ **問題 4** プレゼン実施力に含まれているものはどれですか。適切なものを次の中から選びなさい。

1 見やすいグラフや表を含んだプレゼン資料を作成できる。
2 カラーの理論に基づいたプレゼン資料を作成できる。
3 聞き手によって話し方を変えることができる。

■ **問題 5** プレゼンに求められる主な能力について述べた文として、適切なものを次の中から選びなさい。

1 企画力、論理力、プレゼン資料作成力、プレゼン実施力が求められる。
2 企画力、構成力、発想力、行動力が求められる。
3 論理力、情報発信力、思考力、対話力が求められる。

第2章
プレゼンの企画・設計

プレゼンの企画

プレゼンの企画は、プレゼンの最初のステップです。このステップで、プレゼンの主題や目的を明確にします。聞き手を説得できる効果的なプレゼンを実施するためには、企画をしっかりまとめることからスタートします。

1　主題・目的を明確にする

プレゼンの企画では、まずプレゼンの主題は何であり、目的は何であるかを明確にします。プレゼンの種類には、説得するためのもの、情報を提供するためのもの、楽しませるためのものがあります。いずれの種類であっても、主題や目的を明確にすることが重要です。

説得のプレゼンでは、具体的にどのような意思決定をしてほしいのかを明確にします。たとえば、新商品の販売が主題の場合、聞き手に新商品購入の意思決定をしてもらうことが目的になります。また、ある業務の仕組みを理解してもらうことが主題の場合、聞き手にその新しい仕組みで業務を間違いなく行ってもらうことが目的になります。

このように、説得のためのプレゼンでは、聞き手の行動に結び付けるためのプレゼンを行わなければなりません。プレゼンを実施すること自体は目的ではなく、行動を起こしてもらうための手段にすぎません。

楽しませるプレゼンでは、どう楽しんでもらいたいのかを明確にします。たとえば、ある団体の設立記念の祝賀が主題の場合、設立記念パーティーを楽しんでもらうことが目的になります。

2　ゴールのイメージを設定する

企画段階では、プレゼンの主題・目的を明確にすると同時に、ゴールの明確化、阻害要因の排除、プレゼンプランシートの記入なども行います。

❶ ゴールの明確化

プレゼンを実施した結果、何が得られればよいのか、何がどう変われば成功なのかを、5W2H*を考えながらその内容を具体的な言葉で表現すると、ゴールのイメージが見えてきます。

たとえば、商品の販路を拡大するための提案であれば、「3年以内に、カテゴリーAの商品で関東地区トップ3に入る」というようにすると、具体的なゴールが何であるかが伝わりやすくなります。期限を切ってゴールを分けて考えたほうがよい場合は、第1のゴールは「年度内に、カテゴリーAの商品で関東地区トップ10に入る」、第2のゴールは「来年度、カテゴリーAの商品で関東地区トップ5に入る」、そして第3のゴールは「3年以内に、カテゴリーAの商品で関東地区トップ3に入る」というように設定します。

情報提供のためのプレゼンであっても、情報を伝えたらそれで終わりということはありません。ある仕組みを説明するためのプレゼンであれば、「関係者全員が仕組みを理解して、年度内に新しい仕組みへの切り替えをスムーズに行う」というようなゴールのイメージを設定するとよいでしょう。

楽しませるためのプレゼンであれば、「祝賀パーティーを全員が楽しめるように雰囲気を盛り上げる」というようなゴールのイメージを設定します。

このように、ゴールのイメージが明確であれば、プレゼンを行うときゴールを意識した積極的な話し方ができるようになります。また、ゴールを明確にすることで、阻害要因が発生したときもそれに気付きやすくなり、その対策も取りやすくなります。

* What	：何のために何を実施するのか、聞き手は何を得たいと思っているのか、伝えたい内容は何か、強調したい項目は何か、ゴールは何か。
Why	：実施する理由は何か、どんな背景やニーズがあるのか。
Who	：聞き手は誰か、どんなプロフィールの人か、どんな立場の人か、聞き手側の人数は何人か、誰がプレゼンを実施するのか。
Where	：実施場所はどこか、実施会場の環境はどうか。
When	：実施の日時、実施時間、実施までのスケジュールはどうなっているか。
How	：どのように行うのか、使用できる機器は何か。
How much	：予算はどれくらいかかるのか、効果はどれくらい見込めるのか。

❷ 阻害要因の排除

ゴールが明確に設定できたら、そこに向かって到達できるようにシナリオを書き、必要な情報を集めてプレゼン資料を作り、プレゼンを行います。そのとき、ゴールを目指すうえでの阻害要因がないかどうかを考えておきましょう。

ゴールの阻害要因とは、必要なスライドが情報不足のために作成できない、強力な競合会社も同じ顧客に対してプレゼンしようとしているのがわかった、キーパーソンが直前になって急な出張のためプレゼンの場には出席できないことがわかった、といった状況やリスクです。

このようなプレゼンに対する阻害要因が発生したときは、その影響を最小限にすることを考えなければなりません。その対策がプレゼンの結果を大きく左右することもあります。

第1章

第2章

第3章

第4章

第5章

模擬試験

付録1

付録2

索引

❸ プレゼンプランシートの記入

企画した内容は、図2.1のようなプレゼンプランシートにまとめましょう。プレゼンの内容が明確になり、関係者が共通の認識を持つうえでも有効です。

■図2.1　プレゼンプランシート

プレゼンプランシート	
主題	商品Aの販路拡大
お客様名	日本いろは販売株式会社
開催日時	2021年10月1日（金）13：00～14：00
開催場所	日本いろは販売株式会社　第一会議室
発表者	日商太郎
出席予定者	お客様：第一販売部〇〇部長、第一販売部〇〇課長、第一販売部担当5名 当　社：第一営業部〇〇部長、日商太郎
キーパーソン	第一販売部〇〇部長
所要時間	面談時間の1時間内に、プロジェクターを使用したプレゼンを20分実施
実施方法	資料を配布したうえ、プロジェクターでプレゼン資料を投影しながら説明し、そのあと質疑応答などを行う。
目的・狙い ☑ 説得 ☐ 情報提供 ☐ 楽しませる ☐ その他	日本いろは販売との取引を開始し、商品Aの取り扱いを依頼する。
ゴールのイメージ	第1目標 　今年中に取引を開始し、日本いろは販売の関東地区の販売網で商品Aを販売 第2目標 　1年後に、日本いろは販売の全国の販売網で商品Aを販売 第3目標 　2年後に、商品B、Cについても、日本いろは販売の全国の販売網で販売
訴求ポイント	商品Aの販売実績と省エネ効果
備考	ノートPCとプロジェクターを持参する。 配布資料は、カラーで10部用意する。

第1章

第2章

第3章

第4章

第5章

模擬試験

付録1

付録2

索引

3 シナリオを考える

ゴールにたどり着くためのプレゼンの道筋を示すのがシナリオです。状況を総合的に分析しながら、どのような進め方をするのが効果的かを考えます。

聞き手によって、プレゼンの内容や重点的に説明すべき箇所は異なってきます。たとえば、聞き手が経営者のときは技術的な優位点を中心に話すのではなく、提供しようとしている商品やサービスが会社の利益にどのように貢献するのかを伝えます。逆に、商品やサービスを使う人を対象にしたプレゼンでは、優位性のある特長や他社との差別化ポイントを中心に話すのが効果的です。

4 情報を収集し分析する

目指すゴールに到達するためには、説得できる情報を集めて裏付けをしっかりとり、聞き手にとって信頼できる根拠を示しましょう。

情報を集める手段としては、インターネット、社内ネットワーク、各種データベース、雑誌、新聞、カタログ、関係者へのヒアリング、アンケートなど、多岐にわたります。集めた情報は種々雑多なので、よく整理し分析して必要な情報と不要な情報に分けなければなりません。古い情報や信頼性に疑問があるような情報の扱いにも注意します。事実と意見を切り分けたり、情報の背景を探ったりすることが必要になることもあります。

収集した情報は、必ずしもすべて使うということではありません。主題に沿って焦点を明確にしながら必要な情報だけを選択して使います。

集めて整理した結果、不足している情報があればさらに収集を続けます。

収集する情報は、一次資料と二次資料に分けて考えることができます。

❶ 一次資料

「一次資料」は、ヒアリングなどによって自分で直接集めたデータを指す言葉です。アンケートや実験によるデータなども一次資料です。自分に都合がよい情報だけを集めて整理したものではないことを聞き手に理解してもらうために、調査方法、調査場所、調査日時・期間、調査対象、調査者などを開示します。

❷ 二次資料

新聞、雑誌、書籍、白書、報告書など、一般に公表されている情報が「二次資料」です。二次資料を使う場合は、書籍名、調査機関、調査名称など、出所を明らかにします。調査データの場合は調査時期、新聞や雑誌の場合は新聞名、書名、出版社、発行日なども示します。

二次資料を集めたいとき、インターネットは大変便利なツールです。しかし、気を付けなければならないこともあります。情報の発信者、情報の出所、掲載時期などに留意して信頼性の高い誤りのない情報、新しい情報を集めなければなりません。

5　聞き手を分析する

プレゼンの企画段階では、聞き手を分析します。聞き手を知らないままプレゼンを実施しても、プレゼンの効果は上がりません。聞き手は誰で、どのような知識を持ち、なぜプレゼンの場に出席するのか、あるいはどんな課題を抱えているのかなど、詳細に調べ上げます。それによって、聞き手に伝わり、心を捉えるプレゼンが可能になります。

❶ 聞き手の属性・知識・関心事の調査

プレゼンを成功させるためには、聞き手の属性・知識・関心事などの調査は欠かせません。聞き手を知らないまま話しても、狙った効果は期待できません。

聞き手を知ることで、プレゼンの内容や話し方、ポイントの置き方が変わります。話してはならない内容や、使ってはならない語句も想定できます。専門用語をどの程度使ってもよいのか、専門用語は使わないでかみ砕いてやさしく説明する必要があるのか、背景説明や詳細説明は不要かなども判断できます。聞き手について詳細に調べて分析することで、成功の確率が高い的確なプレゼンが実施できるようになります。

聞き手に関する次のような内容について、事前にできるだけ多く情報収集を行い、分析をしておきます。

● 聞き手の属性

確認しておきたい聞き手の属性には、年代、所属、地位、経歴、性別、プレゼンの内容に関する周囲への影響度、事務系か技術系か、専門家かそうでないか、所属する会社の概要などがあります。

● 聞き手の知識・理解度

プレゼンの主題・内容に対する知識、主題が聞き手にとって利益になる点・不利益になる点、興味を持っている対象、聞き手が抱えている課題、プレゼン実施の背景に対する理解などがあります。

● 聞き手の姿勢・態度

プレゼンに出席する理由や目的、プレゼンに期待しているもの、聞き手の価値観・判断基準などがあります。

❷ キーパーソンの認識

キーパーソンとは、聞き手の中で中心になる人物を指します。プレゼンで示された企画や提案に対して最終的に決定権を持つ人がキーパーソンです。

キーパーソンが誰かを知ることは、プレゼンを成功させるうえで重要です。肩書が最も上位の人がキーパーソンになる可能性は高くなりますが、必ずしもそうであるとは限りません。プレゼンの主題に対して高度な知識と判断力を備えた人が別にいて、上位の人もその人の意見を重視しているとしたら、その人がそのプレゼンにおけるキーパーソンになることもあります。日頃からアンテナを高くして情報収集に努め、キーパーソンを知るよう努力しましょう。

誰がキーパーソンかわかったら、地位や思考の傾向、性格など、可能な限り広く情報を集めます。その結果、キーパーソンが抱える課題に踏み込める提案ができるようになります。さらに、プレゼンの場では、キーパーソンと積極的にアイコンタクトをとったり、触れないほうがよい話題を封じるなどの配慮をしたりすることも必要です。こうしたことにより、プレゼン成功の可能性は一層高まります。

❸ 聞き手の要望のヒアリング、ニーズの分析

関係者へのヒアリングは、情報収集の有効な手段です。ヒアリングによって、相手のニーズや抱えている課題を知り、分析することができます。ヒアリングの相手はキーパーソンが最もよいのですが、無理な場合はキーパーソンに近い人を探します。

キーパーソンに対するヒアリングでは、必要なニーズを直接聞き出すことができますが、そうでない場合は組織のニーズだけではなく個人的なニーズが含まれている場合もあるので、いろいろな質問を加えながら組織のニーズを推し量っていきます。

ヒアリングのときは、事前に聞き出したい項目をメモしておくと聞き忘れを防ぐことができます。整理した質問をして相手が何を期待しているのかを聞き出し、こまめにメモして重複や漏れがないようにします。

踏み込んだ質問をすることで、潜在的なニーズを引き出せることもあります。本人も意識していなかった潜在的な課題や要望を顕在化させることができれば、プレゼンの内容を充実したものにできます。

ヒアリングの結果は整理してプレゼンの中に反映させていくと同時に、提案に対して反論が出そうな箇所に対する対策も進めておきます。

第1章
第2章
第3章
第4章
第5章
模擬試験
付録1
付録2
索引

プレゼンの設計

プレゼンの企画内容に従って、その内容を具体的なストーリーに展開していくのがプレゼンの設計です。

ストーリー展開の仕方は、プレゼンのわかりやすさを大きく左右します。どのような展開が理解につながるのかを考えながら行います。

1　全体構成を明確にする

プレゼンの展開の基本は、「序論」「本論」「まとめ」です。プレゼンの時間が短時間であっても長時間であっても、この基本は変わりません。この展開の仕方が明確なプレゼンは、聞き手にとっても自然な流れになり、内容が理解しやすくなります。

■図2.2　プレゼンの構成

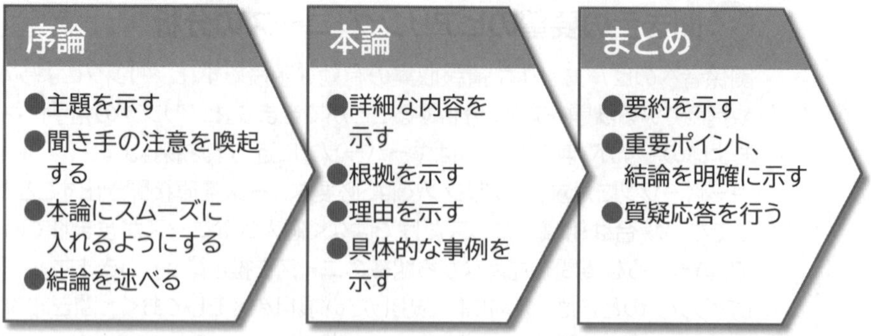

序論
- 主題を示す
- 聞き手の注意を喚起する
- 本論にスムーズに入れるようにする
- 結論を述べる

本論
- 詳細な内容を示す
- 根拠を示す
- 理由を示す
- 具体的な事例を示す

まとめ
- 要約を示す
- 重要ポイント、結論を明確に示す
- 質疑応答を行う

2　序論でプレゼンの主題を明確に示す

序論では、プレゼンの主題を明確に示し、その主題が聞き手にとっていかに重要なものであるか、あるいは聞き手の利益になるものであるかを知らせます。明確な結論を含むプレゼンでは、こうしたことにも触れます。

序論は、聞いてみようという気にさせる大事なステップになります。聞き手に役に立ちそうだ、知っていないと不都合を生じるかもしれない、また利益が得られそうだといったことを思わせるように工夫しましょう。最初に注意を引き付けることを怠れば、最後まで耳を傾けてもらえなくなる恐れがあります。

序論の役割には、次のようなものがあります。
- 主題が何かを明確に示す。
- 主題の重要性を知らせる。
- 一番伝えたいこと（結論）は何かを知らせる。
- 聞き手の注意を引き付ける。
- 本論に入るための最小限の話をする。

3　本論で具体的な内容を展開する

本論では、序論で述べた主題や結論に対して、理由や根拠を示して納得が得られるような展開を組み立てます。特に、序論で結論を示しているときは、明確な根拠を示し理由付けを行います。具体的な事例、実績、統計データなども活用します。本論は、最も時間を割いて説明するステップになります。

本論の役割には、次のようなものがあります。

- 序論で示した内容に対して、具体的・詳細な内容を展開する。
- 根拠や理由を示しながら論理的に説明して、聞き手の納得を得られるようにする。

4　まとめでプレゼンの主題を念押しする

本論で展開した内容を要約して示し、重要なポイントを繰り返して確認するのがまとめです。結論も明確に示します。序論で結論を述べている場合も、再度繰り返して念を押します。

まとめの役割には、次のようなものがあります。

- 結論を明確に示し、聞き手の行動を促す。
- プレゼンの内容を要約して明確に示す。
- 聞き手にどういう行動をとってもらいたいのかを述べる。
- 補足説明をする。
- 今後の予定を話す。
- 質疑応答を行う。

STEP 3 本論の展開

本論の展開の仕方には、いくつかの代表的なパターンがあります。本論の展開のパターンについて説明します。

1 全体から部分へ展開する

全体から部分へと展開していく方法は、本論構成の基本です。いきなり細部から説明したのでは、聞き手は全体像を理解できないまま個別の説明を聞くことになり、理解しにくくなります。

そこで、最初に全体像はどうなっているのかを説明してから個々の詳細説明に入るという展開にします。本論の中身は、いくつかの「**全体から部分へ**」と構成します。さらに、個々のスライドの説明も、全体から部分へという展開を基本にします。

基本となるものやコアとなるものから始めて応用や派生するものへという順序で展開する方法や、一般的な話題から始めて個別の説明したい対象へと展開していく方法も、全体から部分への応用形と考えることができます。

■図2.3　全体と部分の関係

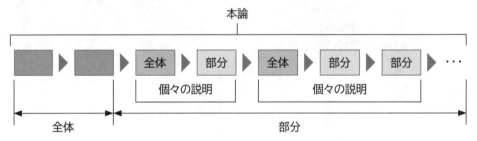

第1章

第2章

第3章

第4章

第5章

模擬試験

付録1

付録2

索引

2 本論展開の2つのアプローチ

全体から部分へと展開していく方法が本論展開の基本ですが、具体的にどのように展開していくかを考えるとき、大きく分けると2つのアプローチがあります。

1つ目は、図2.4のように、最初から本論展開のパターンを想定しながら進めていく「トップダウンのアプローチ」です。本論展開には後述する時系列、因果関係などいくつかのパターンがあるので、それらのパターンの1つあるいは複数を使って構成を決めます。

■図2.4 トップダウンのアプローチ

1 本論展開の検討

使える本論展開のパターンがあれば利用します。

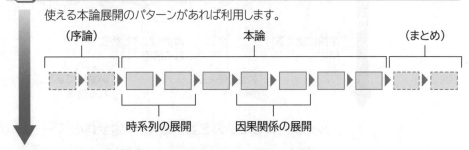

（序論）　　　　　　本論　　　　　　（まとめ）

時系列の展開　　因果関係の展開

2 不足情報があれば収集し、細部の作り込み

3 本論全体のストーリーの完成

4 序論とまとめも加えたプレゼンテーションの完成

2つ目は、図2.5のように、集めた情報や思い浮かんだ事柄をグループ分けして整理しながらどのような構成が適切かを考えていく「ボトムアップのアプローチ」です。整理していく過程で、どの本論展開のパターンが使えるかということに気付くこともあります。

■図2.5　ボトムアップのアプローチ

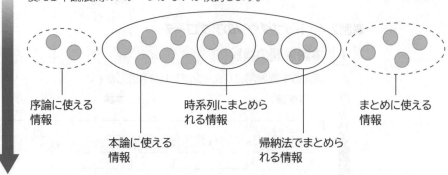

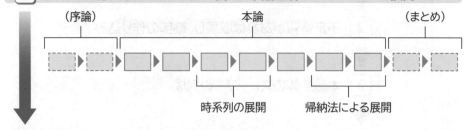

　本論全体のストーリーの完成

④　序論とまとめも加えたプレゼンテーションの完成

さらに、アプローチの仕方には、トップダウンとボトムアップの両方を融合させながら進める方法もあります。

3　時系列でまとめる

時系列で情報をまとめるとは、物事の発生順に、あるいは過去から現在そして未来へというように、時間の流れに沿って整理することです。

物事の裏側に時間軸が存在するとき、時間軸を中心にして考えるとまとまりやすくなります。たとえば、次々と変化していくものや変遷する内容を示したい場合、作業手順やプロセスを説明したい場合、ある時間を経てある要素が別の要素に影響を及ぼすような場合が時系列に該当します。

自社の概要を説明する場合を例にとると、今までは国内マーケットに基盤を築くことに注力してきたが、現在はグローバル展開を積極的に進めており、今後は隣接市場も含めてグローバルに開拓していくというような3部構成にすると全体がまとめやすくなります。

また、「問題点と原因→解決策→期待する効果」のような順序で説明するのも、単純に時間を追った説明ではありませんが、一種の時系列になります。

■図2.6　時系列の展開

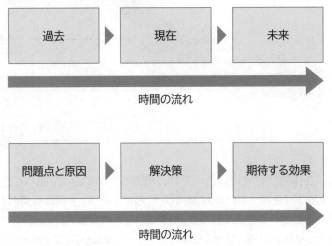

ただし、時間軸があるものは、常に時系列で説明するということではありません。インパクトのあるものや顧客が知りたいものの順序を考えた結果、「未来→現在→過去」と逆の順序にすることもあります。「未来→過去→現在」と未来と過去を対比させながら現在を語ることもあります。

28

4 地理的・空間的にまとめる

地理的なものに関連がある説明は、地理上の位置を基準にして行うとわかりやすくなります。

図2.7は、東京本社の説明のあと、各地の支社を説明するのに、北から南への順序で行った例です。地理的な脈絡が感じられない順序で説明をすると混乱します。

■図2.7　地理的な順序

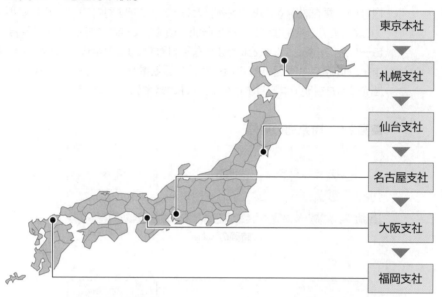

ビルのような立体的な対象物の説明では、1階から始めて2階、3階へと進むのが自然です。平面的な広がりを持っている対象物なら、右から左へ、手前から奥へというように一定の規則性が感じられる方法で行うと、整理されて伝わります。

そのほかオフィスのエリアを、ワークエリア、ミーティングエリア、ユーティリティーエリアの3つに分けて説明したり、会社の構成員を一般従業員層、管理職層、経営者層の3つの階層に分けて説明したりするなども空間的にまとめた例になります。

第1章

第2章

第3章

第4章

第5章

模擬試験

付録1

付録2

索引

5 因果関係でまとめる

「作業ミスがあった→製品の不良が発生した」のような、原因と結果の関係を「**因果関係**」と呼びます。因果関係を論理的に説明できれば、プレゼンに説得力が加わります。

因果関係のパターンをプレゼンで使うときは、図2.8のように、まず結果を示し、次にどのような原因でそれが起こったのかを示すのが一般的です。原因（現在の事象）を示してから、結果（将来の予測）を示すという逆の順序で展開させることもあります。

■図2.8　一般的な因果関係の展開

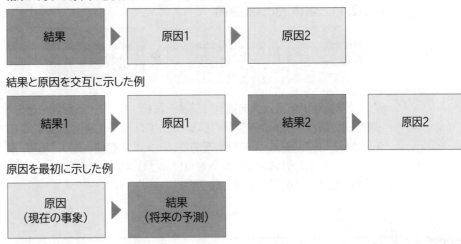

また、図2.9のように、「結果→原因→対策」という順序で、対策を含めることもあります。

■図2.9　対策まで含めた因果関係の展開

さらに、図2.10のように、ある結果に対する原因が別の原因によって引き起こされていることもあります。このような場合も、整理して因果関係で説明すると伝わりやすくなります。

■図2.10　因果関係の連鎖

これらの因果関係のパターンは、品質管理や顧客対応のプレゼンなどに適用されます。

6 演繹法で展開する

「演繹法」は、一般によく知られている原理・原則から始めて、説明したい事柄が正しいことを証明する方法です。いわゆる三段論法です。次の例のように、「**大前提（既知の事柄）→小前提（事実）→結論（言いたいこと）**」と展開しながらまとめます。

> 大前提：最近は、「ソーシャル」が一種のブームになっている。
> 小前提：このサービスは「ソーシャル」に関連している。
> 結　論：このサービスはヒットする。

■図2.11　演繹法による展開

逆に、「**結論→小前提→大前提**」と、結論を最初に持ってくる展開の仕方もあります。
演繹法は、新しい政策や新製品の提案などのプレゼンに使われます。この方法でプレゼンを行うときは、間違った大前提や適切でない大前提を使ったり、論理が飛躍したり結論がこじつけになったりしないように気を付けなければなりません。しっかりした大前提と明確な事実としての小前提が必要になります。

7 帰納法で展開する

「帰納法」は、いろいろな事実から共通点を見つけ出して結論を導き出す方法です。
次に示すように、「**事実1、事実2、事実3→結論**」のような展開になります。

> 事実1：オーガニックを特長とする商品Aが売れた。
> 事実2：オーガニックを特長とする商品Bが売れた。
> 事実3：オーガニックを特長とする商品Cが売れた。
> 結　論：この商品はオーガニックを特長としているので売れる。

■図2.12　帰納法による展開

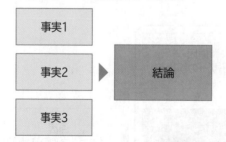

また、「**結論→事実1、事実2、事実3、…**」として、最初に結論を示したほうが効果的な場合もあります。この展開方法は、調査報告や問題提起などのプレゼンに使われます。
帰納法で集める事例は、客観性のある適切なものでなければなりません。また、十分な数の事例も必要です。事例数は、多いほど確度が上がります。

8 MECEな展開にする

各論を展開するときには、情報に漏れや重複が生じないように気を付けます。必要な情報が漏れていると、正しい結論が得られなかったり信頼性に欠けた内容になったりします。また、重複した情報があると、聞き手はすっきりした気持ちになりません。漏れや重複がない状態のことを、MECE*といいます。ストーリー展開は、MECEを心掛けるようにします。

* Mutually Exclusive and Collectively Exhaustiveの頭文字をとったもので、「漏れがなく重複がない」という意味になります。ロジカルシンキングの情報整理で使われています。

■図2.13　MECEでない展開

漏れた情報　　　　　　　　　　　　　重複した情報

■図2.14　MECEな展開

漏れた情報　　　重複した
の追加　　　　　情報の排除

第1章

第2章

第3章

第4章

第5章

模擬試験

付録1

付録2

索引

プレゼンテーションの作成で効果的に使える機能

プレゼンテーションのストーリーを組み立てる際に便利なアウトライン機能、動作設定ボタン、目的別スライドショーについて説明します。

1 アウトライン機能を活用する

PowerPointには、「アウトライン」と呼ばれる、骨子を組み立てる機能があります。この機能を使うと、プレゼンのシナリオを考えながらそれぞれのスライドに簡単に展開していくことができます。

 Let's Try アウトラインによるタイトルの入力

アウトラインを使って、スライドに次のタイトルを入力しましょう。

> スライド1：インターネット広告のご紹介
> スライド2：インターネット広告の特長
> スライド3：インターネット広告のタイプと特徴
> スライド4：インターネット広告の実施目的

OPEN PowerPointを起動し、フォルダー「第2章」のファイル「第2章-1」を開いておきましょう。

①《表示》タブを選択します。

②《プレゼンテーションの表示》グループの [アウトライン表示]（アウトライン表示）をクリックします。

アウトライン表示モードに切り替わります。

※アウトライン表示モードに切り替えると、アウトラインペインとノートペインが表示されます。

③スライド1のスライドアイコンの後ろをクリックし、カーソルを移動します。

④「インターネット広告の」と入力します。

⑤ Shift + Enter を押して、改行します。

※ Shift + Enter を押すと、段落内で改行されます。

⑥「ご紹介」と入力します。

※スライド1にタイトルが表示されます。

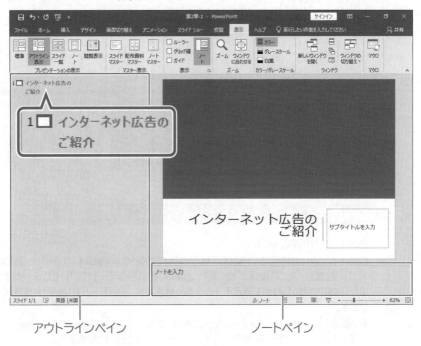

アウトラインペイン　　　　　　　　　　ノートペイン

⑦ Enter を押して、改行します。

スライド2を表すスライドアイコンが表示されます。

※新しいスライドが挿入されます。

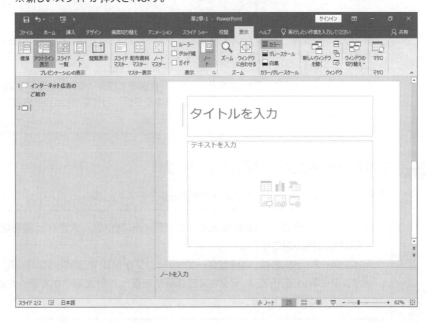

第1章

第2章

第3章

第4章

第5章

模擬試験

付録1

付録2

索引

⑧同様に、スライド2以降のタイトルを入力します。

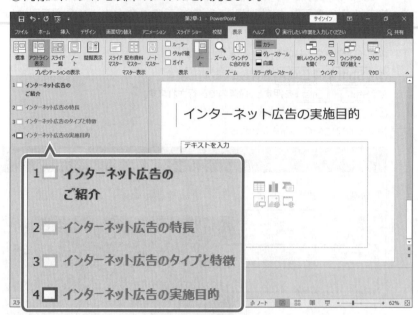

💡 操作のポイント

PowerPointの表示モード

PowerPointの表示モードには、「標準表示」「アウトライン表示」「スライド一覧表示」「ノート表示」「閲覧表示」などの種類があります。通常は、標準表示モードでプレゼンテーションを作成しますが、作業内容に合わせて表示モードを切り替えます。表示モードを切り替える方法は、次のとおりです。

◆《表示》タブ→《プレゼンテーションの表示》グループの　　（標準表示）／　　（アウトライン表示）／　　（スライド一覧表示）／　　（ノート表示）／　　（閲覧表示）

ノートペインの表示／非表示

ノートペインの表示・非表示を切り替える方法は、次のとおりです。
◆ステータスバーの　≙ ノート　（ノート）をクリック

わかりやすいタイトル

個々のスライドには、必ずタイトルを付けます。タイトルは、スライドで伝えたいメッセージを一言で表現したものです。わかりやすいタイトルにするためには、スライドの内容のエッセンスが抽出された言葉で表現します。
また、タイトルを付けるときは、抽象的なものや、長過ぎて読みにくいものにならないように、注意が必要です。タイトルは1行で入力するのが基本ですが、2行になったときは内容の区切りに合わせて改行します。

Let's Try ## アウトラインによる箇条書きの入力

アウトラインを使って、スライド2に次の箇条書きを入力しましょう。

- ・インターネットは、コストを抑えてスピーディーに作成し、大きな反響を期待できる優れた広告の場です。
- ・インターネット広告は、明確なターゲッティングが可能で、効果的な媒体です。
- ・インターネット広告では、アクセスログ解析を使って効果測定ができるため、戦略的な広告活動が行えます。

①アウトラインが表示されていることを確認します。

②スライド2のタイトルの行末にカーソルを移動します。

③[Enter]を押して、改行します。

※新しいスライドが挿入されます。

④《ホーム》タブを選択します。

⑤《段落》グループの ▼≡ (インデントを増やす) をクリックします。

レベルが1段階下がり、スライド2の下にカーソルが表示されます。

※挿入されたスライドは削除されます。

第1章

第2章

第3章

第4章

第5章

模擬試験

付録1

付録2

索引

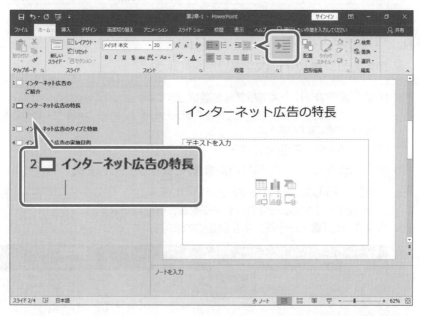

⑥「インターネットは、コストを抑えてスピーディーに作成し、大きな反響を期待できる優れた広告の場です。」と入力します。

⑦[Enter]を押して、改行します。

⑧同様に、そのほかの箇条書きを入力します。

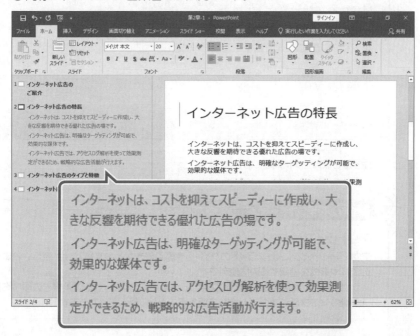

操作のポイント

その他の方法（アウトラインのレベル下げ）
◆箇条書きにカーソルを移動→ Tab

アウトラインのレベル上げ
箇条書きのレベルを上げる方法は、次のとおりです。
◆箇条書きにカーソルを移動→《ホーム》タブ→《段落》グループの ≡ （インデントを減らす）
◆箇条書きにカーソルを移動→ Shift を押しながら、 Tab を押す

Let's Try　行頭文字の設定

箇条書きに「●」の行頭文字を設定しましょう。

①箇条書きのプレースホルダーを選択します。
※プレースホルダー内をクリックし、枠線をクリックします。プレースホルダーの枠線をクリックすると、破線が実線に変わります。
②《ホーム》タブを選択します。
③《段落》グループの ≡ （箇条書き）の をクリックします。
④《塗りつぶし丸の行頭文字》をクリックします。
※一覧をポイントすると、設定後のイメージを画面で確認できます。
箇条書きに「●」の行頭文字が設定されます。

※ファイルを保存せずに閉じておきましょう。

操作のポイント

アウトラインペイン
アウトラインペインには、スライドのタイトルや箇条書きなどの文字だけが表示されます。プレゼンの流れや構成を確認するのに便利です。
スライドアイコンや箇条書きの行頭文字をドラッグして、スライドや箇条書きの順序を変更したり、スライドアイコンをダブルクリックして箇条書きを折り畳んだりできます。

2 動作設定ボタンを利用する

プレゼンテーションの中に、補助的な情報や参考情報などのスライドがあるときは、該当するスライドへのリンクを設定した「**動作設定ボタン**」を作成しておくと、プレゼン中に任意のタイミングでジャンプできます。

スライドにリンクを貼っておけば、一連の流れを阻害することなくプレゼンを進めることができます。

図2.15は、スライド3に参考情報1へのリンクを設定した動作設定ボタンを作成して、参考情報1〜3を表示できるようにした例です。参考情報3にスライド3へ戻るための動作設定ボタンを作成しておけば、スライド3に簡単に戻れるので、参考情報を挟みながらシームレスにプレゼンを続けることができます。

■図2.15 リンク設定の例

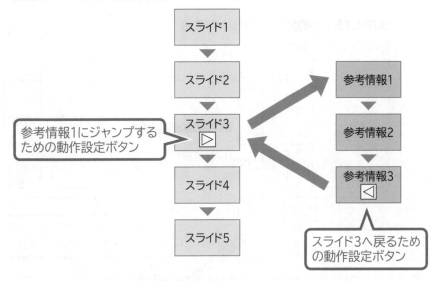

💡 **操作のポイント**

動作設定ボタンの挿入

動作設定ボタンを使って、同一ファイル内の別のスライドにリンクを設定する方法は、次のとおりです。

◆《挿入》タブ→《図》グループの （図形）→《動作設定ボタン》の （動作設定ボタン：進む/次へ）→スライド上をドラッグしてボタンを作成→《マウスのクリック》タブ→《 ⦿ ハイパーリンク》の →一覧から《スライド…》を選択→《スライドタイトル》の一覧からリンク先のスライドを選択

動作設定ボタンを使って、Word文書やPDFファイルなど別のファイルが開かれるようにリンクを設定することもできます。また、特定のホームページを表示するようにリンクを設定することもできます。

◆《挿入》タブ→《図》グループの （図形）→《動作設定ボタン》の （動作設定ボタン：進む/次へ）→スライド上をドラッグしてボタンを作成→《マウスのクリック》タブ→《 ⦿ ハイパーリンク》の →一覧から《その他のファイル…》または《URL…》を選択

第1章
第2章
第3章
第4章
第5章
模擬試験
付録1
付録2
索引

3 スライドショーを設定する

1つのプレゼンテーションをもとに、スライドの組み替えを行ったものを複数用意しておいて、目的によって使い分けることができます。また、一部のスライドを非表示にしてスライドショーから除外することもできます。

① 目的別スライドショー

プレゼンテーションを作ったあと、プレゼンの相手によって表示順序を変更して示したり、スライドの一部を省略して示したりしたいことがあります。そのようなときは、「**目的別スライドショー**」機能を使います。

この機能を使えば、図2.16のように、1つのプレゼンテーションに対して、パターンAとパターンBのように複数の種類を用意して使い分けることができます。

■図2.16 目的別スライドショーの例

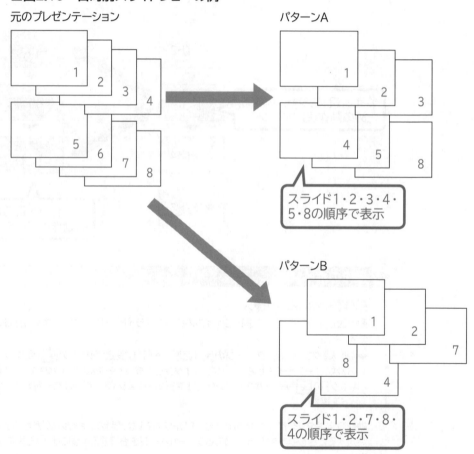

操作のポイント

目的別スライドショーの作成

既存のプレゼンテーションを使って目的別スライドショーを作成する方法は、次のとおりです。

◆《スライドショー》タブ→《スライドショーの開始》グループの □（目的別スライドショー）→
《目的別スライドショー》→《新規作成》→《スライドショーの名前》を入力→《プレゼンテー
ション中のスライド》の一覧からスライドを選択し ✔ にする→《追加》→ ↑（上へ）や ↓
（下）でスライドの順序を設定→《OK》→《閉じる》

目的別スライドショーの実行

目的別スライドショーを実行する方法は、次のとおりです。

◆《スライドショー》タブ→《スライドショーの開始》グループの □（目的別スライドショー）→作
成した目的別スライドショーを選択

❷ スライドの非表示

プレゼンテーションの中の特定のスライドを非表示にしておくと、スライドショーから除外
できます。プレゼン実施の際には見せないけれども、質疑応答用に用意したスライドなど
があれば、非表示に設定しておくと便利です。

操作のポイント

スライドの非表示

スライドを非表示に設定する方法は、次のとおりです。

◆スライドを選択→《スライドショー》タブ→《設定》グループの □（非表示スライドに設定）

※非表示に設定されたスライドのスライド番号に線が引かれます。

※非表示に設定されたスライドからスライドショーを実行すると、そのスライドからスライドショー
が開始されます。

※スライドの非表示の設定を解除するには、再度、□（非表示スライドに設定）をクリックし
ます。

知識科目

■ **問題 1** プレゼンの主題について述べた文として、適切なものを次の中から選びなさい。

1 何を得るためのプレゼンかを明確にしたものである。

2 何に関するプレゼンかを明確にしたものである。

3 ゴールにたどり着くためのプレゼンの道筋を示したものである。

■ **問題 2** プレゼンの企画の中で考える5W2Hは何の略であるかを示したものとして、適切なものを次の中から選びなさい。

1 What、Why、Who、Where、When、How、How much

2 What、Why、Who、Where、When、How、How far

3 What、Why、Who、Where、When、How、How long

■ **問題 3** キーパーソンについて述べた文として、適切なものを次の中から選びなさい。

1 プレゼンの内容に対して、最終的な決定権を持つ人をいう。

2 出席者の中で最も地位の高い人をいう。

3 プレゼンの対象である製品やサービスに対して最も詳しい人をいう。

■ **問題 4** プレゼンの「序論」「本論」「まとめ」の中のどこで結論を述べるのかを示した文として、適切なものを次の中から選びなさい。

1 序論とまとめの中で述べる。

2 本論の中だけで述べる。

3 序論だけで述べる。

■ **問題 5** プレゼンプランシートに含む項目として、最も適切なものを次の中から選びなさい。

1 会場までの道順

2 ゴールに対する阻害要因

3 出席者に関する情報

■ **問題 6** プレゼンの本論の論理展開として使われる帰納法について述べた文として、適切なものを次の中から選びなさい。

1 原因と結果を対比させながら展開させる。

2 一般的な原理・原則から始めて結論を導き出すという展開をする。

3 複数の事例をもとに結論を導き出すという展開をする。

あなたは、日商ビジネスコンサルティング株式会社の営業を担当しています。

このたび、芝ソリューションサービス株式会社向けに組織活性化をテーマにした研修提案用のプレゼン資料を作成することになりました。

「ドキュメント」のフォルダー「日商PC プレゼン2級 PowerPoint2019／2016」にあるフォルダー「第2章」のファイル「組織活性化研修のご提案 第2章」を開き、下記の［方針］に従って完成させてください。

［方針］

1　タイトルスライドに関わる修正

❶タイトル「組織活性化研修のご提案」の前に「ポジティブマインドを醸成する」を加えて2行のタイトルにすること。

❷サブタイトルの会社名の上部に、「2021年10月1日」と入力すること。

2　スライド3からスライド5に関わる操作

❶アウトライン機能を使って、スライド3からスライド5を追加すること。追加したスライドに次のタイトルを入力すること。

> スライド3：組織活性化研修の効果
> スライド4：研修の進め方
> スライド5：会社概要

❷アウトライン機能を使って、スライド3に次の箇条書きを入力すること。

> ▶ 会社全体のモチベーションアップ
> ▶ 社員の主体性・積極性の向上
> ▶ 社員の成長意欲の向上
> ▶ 組織の連携力の向上
> ▶ 組織のビジョンを全員で共有

❸アウトライン機能を使って、スライド4に次の2階層の箇条書きを入力すること。

> ▶ 研修前半では、次のような取り組みを行います。
> 　▶ 会社の理念と自分の仕事がどのように結び付くのかを考えます。
> 　▶ 各自の仕事を肯定的に捉えられるようにします。
> ▶ 研修後半では、次のような取り組みを行います。
> 　▶ 肯定的な人間関係を作り出すために必要なマインドが生まれるようにします。
> 　▶ 協調的に関わることができるコミュニケーションスキルを養います。

第1章
第2章
第3章
第4章
第5章
模擬試験
付録1
付録2
索引

❹アウトライン機能を使って、スライド5に次の2階層の箇条書きを入力すること。2階層目の箇条書きには行頭記号を付けないこと。

> ▶ 会社名
>   日商ビジネスコンサルティング株式会社
> ▶ 設立
>   2000年4月1日
> ▶ 所在地
>   〒000-0000　東京都港区芝大門X-X-X
> ▶ 代表者
>   永瀬千晶
> ▶ 事業内容
>   教育研修、人材教育コンサルティング

3 全スライドに関わる設定

❶スライド5の左下に「動作設定ボタン：戻る/前へ」を挿入し、スライド2へのリンクを設定すること。

❷スライド2の右下に「動作設定ボタン：進む/次へ」を挿入し、スライド5へのリンクを設定すること。

❸修正したファイルは、「ドキュメント」のフォルダー「日商PC　プレゼン2級　PowerPoint 2019／2016」にあるフォルダー「第2章」に「組織活性化研修のご提案　第2章（完成）」のファイル名で保存すること。

ファイル「組織活性化研修のご提案　第2章」の内容

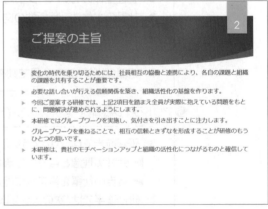

第3章
プレゼン資料の作成

レイアウト・デザインの基本

1つのプレゼンテーションを構成する複数のスライドのレイアウトやデザインは、わかりやすさやスライドから受ける印象を大きく左右します。スライドの作成にあたって必要なレイアウトやデザインのポイントを示します。

1　全体の表現を統一する

プレゼンテーションを作成するときは、「テーマ」と呼ばれるデザインテンプレートを設定するため、プレゼンテーション全体の背景やフォントが統一されます。しかし、プレゼンテーション全体の統一はテーマだけでなく、色のトーン、メインの色、図解やグラフ、表などの表現、配置の仕方など、その内容は多岐にわたります。タイトルのフォントサイズもできるだけそろえます。箇条書きのフォントサイズは、すべてを同一にすることは難しいとしても、標準のフォントサイズを定めておき、できるだけその前後のフォントサイズで統一します。

図3.1からは、色づかいやフォントサイズ、図解の表現について統一された考え方が伝わってきません。図3.2は、全体の色のトーンを抑え、紫をメインの色として使っており、フォントサイズや図解の表現もそろえているため全体の統一性が感じられます。

■図3.1　統一された考え方が伝わらない例

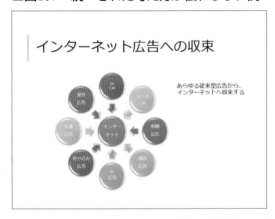

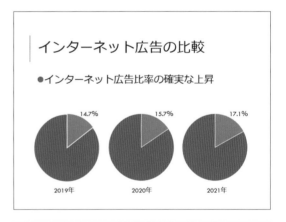

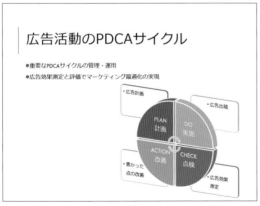

■図3.2　統一された考え方が伝わる例

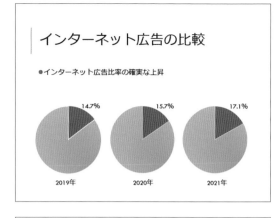

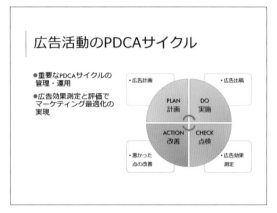

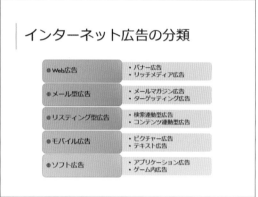

2　テンプレートを利用する

企業によっては、スライドに自社のロゴを配置したり、企業のイメージカラーを活かした配色を適用したりしたオリジナルのテンプレートを作成しています。

組織内で統一したデザインのテンプレートを利用することで、顧客に企業イメージの浸透を容易に図ることができます。また、プレゼンのたびにスライドをデザインする手間が省けるというメリットもあります。

■図3.3　テンプレートを利用した例

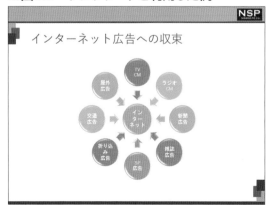

テンプレートの利用

◆《デザイン》タブ→《テーマ》グループの ▼ （その他）→《テーマの参照》→テンプレートを選択→《適用》

第1章
第2章
第3章
第4章
第5章
模擬試験
付録1
付録2
索引

複数の図形で構成された図解に色を付けるとき、統一感が出るような配慮をしないと雑然とした感じのものになってしまいます。

図3.4は、色の付け方の統一感に欠けるバラバラな印象の図解になっています。

図3.5は、階層ごとに同じ色で統一した例です。図3.6は、グループごとに寒色系と暖色系で分けた例です。このようにすることで、はじめて整然とした感じのものになります。

このように、色の統一が感じられるようにするためには、統一するための何らかの考えを取り入れる必要があります。

■図3.4　色の付け方の統一感に欠ける例

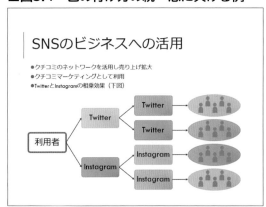

■図3.5　階層ごとに同じ色で統一した例

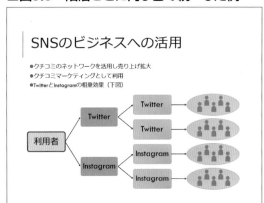

■図3.6　グループごとに寒色系と暖色系で分けた例

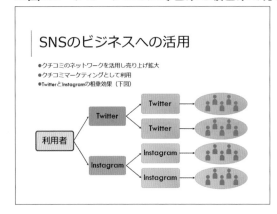

第1章

第2章

第3章

第4章

第5章

模擬試験

付録1

付録2

索引

4 色のバランスを考える

図解の内容によっては、色のバランスを考えて配色しなければならないこともあります。図3.7は、「SmartArtグラフィック」(以下、SmartArt)を使って作成した図解で、4つの四角形はそれぞれ異なる内容を示しています。色は、SmartArtのスタイルを使って設定しています。しかし、設定された色は3つの四角形が緑系と青系になっており、残りの1つがオレンジ色のため、色のバランスがとれていません。

■図3.7 色のバランスがとれていない例

4つの四角形がそれぞれ独立しているのであれば、色もこのように偏ったものではなく、それぞれ独立した感じのものにします。そうすれば、内容に合った色の使い方になります。

色をバランスよく配置する方法の1つが色相環を使ってほぼ等間隔の色相になるように色を選ぶというものです。そのような配色にすることで、4つの四角形が示す内容の違いがわかりやすくなります。

図3.8では、色相環の代わりに六角形のカラーパレットを使っています。カラーパレットの中に正方形を描くような感じで、正方形の頂点にあたる4箇所の色を選ぶと、バランスよく色を配置することができます。正方形は小さくすると純色に対して色の明度が上がります。色は、正方形を回転させるような感じで選ぶことで、いろいろな組み合わせが可能になります。

3つの図形にバランスよく色を配置したいときは、正方形の代わりに正三角形を使います。

■図3.8 色のバランスがとれている例

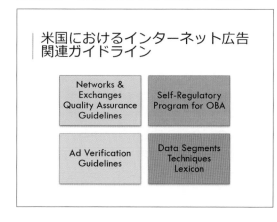
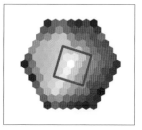

5 色の規則性を考える

スライドの色にはプレゼンテーション全体を通しての規則性が必要ですが、個々のスライドでも何らかの規則性を意識しながら色付けすると、整った感じのものになります。

図3.9は、円をすべて同一トーンの色でまとめた例です。トーンは、図3.10に示すクイックスタイルのパステルの行（赤い枠で示した部分）を使うことによって一定にしています。こうすることで、同一トーンの色を個々の図形に設定できます。設定の操作も簡単です。

色のトーンをそろえる以外に、類似色でまとめたり同系色でまとめたりする方法もよく使われます。

■図3.9　円を同一トーンの色でまとめた例

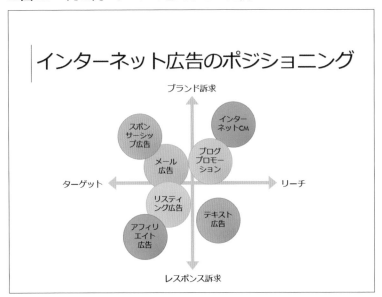

■図3.10　クイックスタイル

6 訴求ポイントを明確に示す

スライドの中に、特に注目してほしい箇所があるときは、その箇所を視覚的に強調して、見たときに何を強調しているのかがすぐ伝わるようにします。

強調の仕方には、色を変える、枠線の太さや線種を変える、吹き出しを使って説明を加える、サイズを変えるなど、さまざまな方法があります。

図3.12は、インターネット広告の割合が総広告費の17.1%になっているというのがポイントで、そのことを伝わりやすくするためにインターネットの箇所を赤で示しています。

■図3.11 強調箇所が表現されていない例

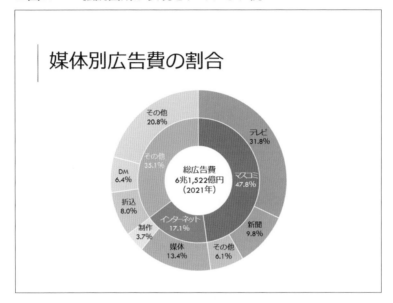

■図3.12 強調箇所を赤で表示した例

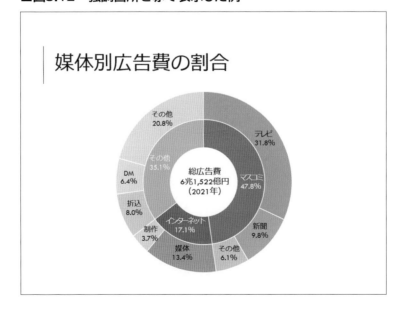

メリハリは、色の強弱、線の太さ、フォントの大小・強弱、線種の組み合わせ方などによって
生まれます。メリハリが適度に感じられるスライドには活気が生まれます。メリハリがない
と平板で退屈なものになります。ただし、メリハリが多過ぎるとうるさくなるので、ポイント
になる箇所を中心にして付けます。

図3.13は、色やフォントサイズに変化が乏しく、何を伝えようとしているのかわかりにく
いスライドです。一方、図3.14は、最も伝えたい箇所の色を濃くし、矢印の色を変えて、
メリハリを付けています。文字も大小を組み合わせています。また、図3.13では囲み図
形がすべて四角形だったのが、図3.14では内側を角丸四角形にして変化が生じるよう
にしています。

■図3.13　メリハリが感じられない例

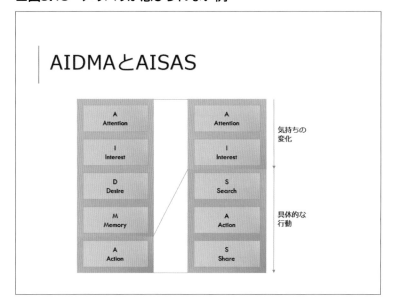

■図3.14　メリハリが感じられる例

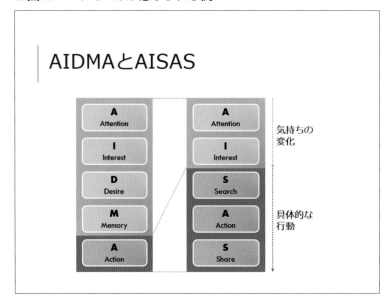

8 アクセントカラーを効果的に使う

「アクセントカラー」とは、メインの色に対して色相が大きく異なる色を、面積の小さい図形に使うことで、視覚的なアクセントの役割を果たせるようにしたものです。

図3.15は、すべて青系の色で統一されているため、まとまった感じにはなっていますが、平板です。図3.16は、矢印だけ薄いピンク色にしており、これがアクセントカラーになっています。このように、小さな面積の図形に目立つ色を付けると、平板な感じが消え活気が生まれます。図3.17は、行頭文字を赤にしてアクセントの役割を果たせるようにした例です。

■図3.15　平板な感じの例

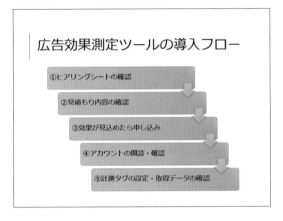

■図3.16　アクセントを加えた例（1）

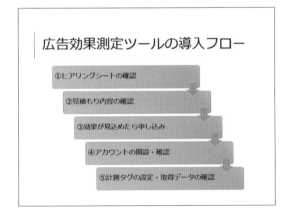

■図3.17　アクセントを加えた例（2）

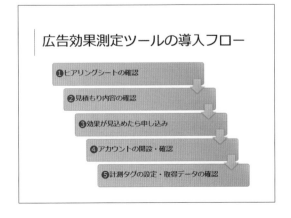

スライドの色数が多過ぎると色を使った効果が薄れてきます。また、視覚的に強い色だけを使うと、ポイントは何なのかがわからなくなります。色数を抑えたいときやポイントを浮かび上がらせたいときに、無彩色であるグレーをうまく使うと効果が上がります。

図3.18は、業務フローを示した図解ですが、すべての図形の色が濃く、色づかいに規則性も感じられないため雑な印象を与えています。図3.19は矢印にグレーを使うことで、この業務フローの大事な3つの要素（広告主、広告代理店、メディア）が相対的に目立つようになり、完成された図解という感じになっています。

このように、グレーを補足的な箇所や、特別な性格を持たない中性的な性格を持った図形に使うことで、図解がゴタゴタした感じになることを避けると同時に、図解の見やすさも向上させることができます。

■図3.18　色づかいにまとまりが感じられない例

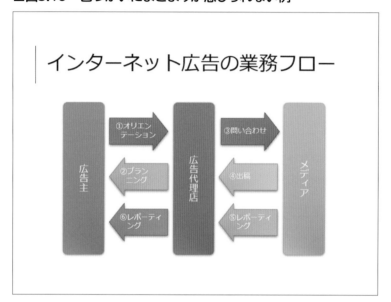

■図3.19　矢印にグレーを使ってまとまった色づかいにした例

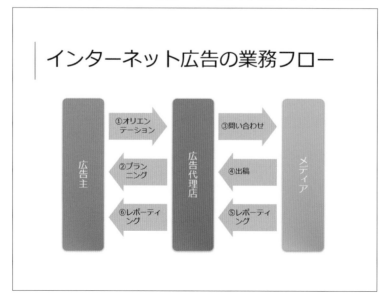

10　グラデーションを効果的に使う

色の明度や彩度の連続的な変化を「グラデーション」と呼びます。色相が徐々に変化するのもグラデーションになります。

グラデーションは、段階的に変化する要素に対して設定すると効果的です。段階的な変化には、重要性の増加、内容の高度化、時間的な推移、役割の変化、関係の緊密化、量の増加などがあります。

図3.20は、時間的な推移に伴う内容の変化を表したグラデーションの例です。このグラデーションは、図3.21のテーマの色の赤い枠で示した部分から選んでいます。

■図3.20　段階的な変化を示すグラデーションの例

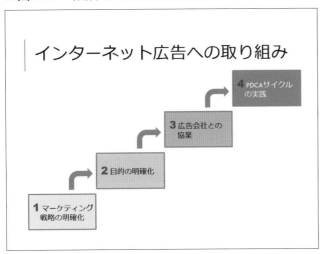

■図3.21　テーマの色

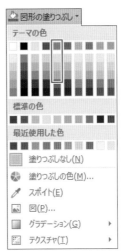

図3.22は、階層関係を示す三角形に対して設定したグラデーションの例です。上に行くに従って購入に近づいているので、上部に濃いグラデーションを設定しています。また、図3.22はSmartArtの「基本ピラミッド」で作成しており、グラデーションは図3.23に示す「グラデーション-アクセント1」（赤い枠で示した箇所）を使っています。SmartArtは「SmartArtのスタイル」を使うと、簡単にグラデーションが設定できます。

■図3.22　三角形に設定したグラデーションの例

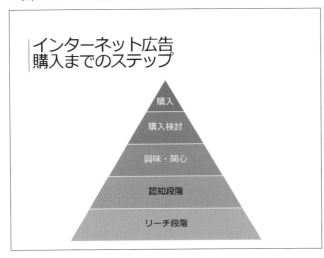

■図3.23　SmartArtのスタイル

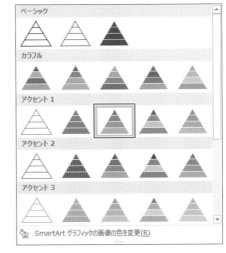

グラデーションを設定する図形の数が少ない場合やSmartArtを使う場合は、今まで説明した方法でグラデーションを設定できます。しかし、グラデーションを設定する図形の数が多い場合やSmartArtが使えない場合は、別の方法でグラデーションを設定します。

 Let's Try ## グラデーションの設定

7つの四角形の色がグラデーションを表すように、塗りつぶしの色を設定しましょう。
まず、すべての図形に同一の色を設定し、そのあと、それぞれの図形の明るさを変更します。

フォルダー「第3章」のファイル「第3章-1」を開いておきましょう。

①7つの四角形がすべて囲まれるように左上から右下までドラッグします。
※ドラッグした範囲内に完全に含まれる図形をまとめて選択できます。
②《書式》タブを選択します。
※お使いの環境によっては、《書式》が《図形の書式》と表示される場合があります。
③《図形のスタイル》グループの 図形の塗りつぶし ▾ （図形の塗りつぶし）をクリックします。
④ **2019**
　《塗りつぶしの色》をクリックします。

　2016
　《その他の色》をクリックします。

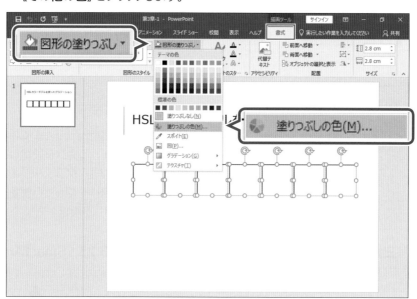

《色の設定》ダイアログボックスが表示されます。
⑤《ユーザー設定》タブを選択します。
⑥《カラーモデル》の ▾ をクリックし、一覧から《HSL》を選択します。
⑦《色合い》を「136」に設定します。
⑧《鮮やかさ》を「158」に設定します。
⑨《明るさ》を「118」に設定します。

⑩《OK》をクリックします。

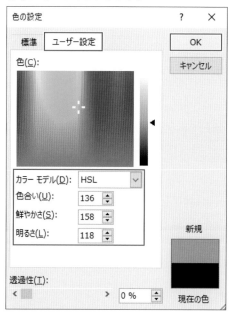

※複数の図形の選択を解除しておきましょう。

⑪左から2つ目の四角形を選択します。

⑫《図形のスタイル》グループの 図形の塗りつぶし ▾ (図形の塗りつぶし) をクリックします。

※《ホーム》タブが選択されている場合は、《書式》タブを選択します。

⑬ **2019**

　《塗りつぶしの色》をクリックします。

　2016

　《その他の色》をクリックします。

《色の設定》ダイアログボックスが表示されます。

⑭《ユーザー設定》タブを選択します。

⑮《カラーモデル》の ▾ をクリックし、一覧から《HSL》を選択します。

⑯《明るさ》を「138」に設定します。

⑰《OK》をクリックします。

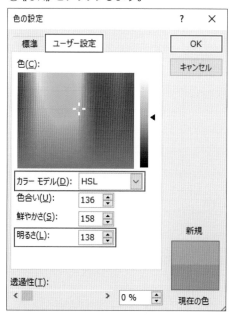

第1章
第2章
第3章
第4章
第5章
模擬試験
付録1
付録2
索引

⑱同様に、左から3つ目の四角形の明るさを「158」、4つ目を「178」、5つ目を「198」、6つ目を「218」、7つ目を「238」にそれぞれ設定します。

※ファイルを保存せずに閉じておきましょう。

 操作のポイント

HSLカラーモデル

《色の設定》ダイアログボックスのカラーモデルの既定値は《RGB》ですが、《HSL》を選択したほうが直感的な操作がしやすくなります。HSLカラーモデルでは、《色合い》が色相を表し、《鮮やかさ》は彩度を表しています。また、《明るさ》は明度を表しています。

色合いは、「0～255」の値を変化させることで、256通りの色相を表現できます。

鮮やかさも「0～255」の範囲で変化させることができます。「255」が最も彩度が高く、数値が小さくなるにつれてグレーが付加される量が増えていって「0」が最も彩度が低い濁った色になります。

明るさは、「128」が中間の値です。数値が大きくなると白の割合が増加し、数値が小さくなると黒の割合が増えていきます。

下の図に示すように、明るさが「128」で鮮やかさが「255」の場合が純色になります。純色は、白や黒、グレーをまったく含んでいません。

このようなHSLカラーモデルの内容を理解していると、色に対する応用力が増し、さまざまな色の設定が自由にできるようになります。

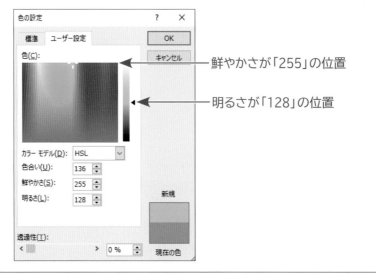

第1章

第2章

第3章

第4章

第5章

模擬試験

付録1

付録2

索引

11 影を付けて立体感を出す

平板な感じの図解に変化が出るようにする方法の1つが影の追加です。影を付けるときは、主要な図形だけに付けるのがポイントです。すべての図形に影を付けるとうるさい感じになることがあるので、注意しましょう。

図3.24は4つの四角形が中心になっている図解ですが、平板な感じがします。この図形に影を付けたのが図3.25です。図解からは平板な感じが消え、四角形が浮き出たような感じを与えます。

■図3.24　平板な感じの例

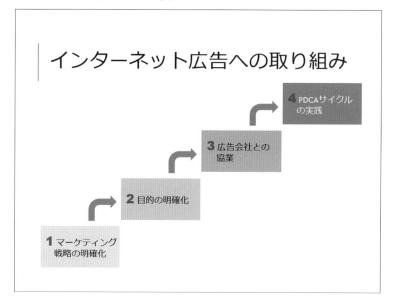

■図3.25　影を付けた例

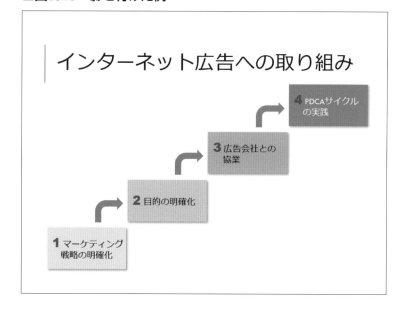

Let's Try 図形への影の設定

4つの四角形に影「オフセット：右下」または「オフセット（斜め右下）」を設定しましょう。

OPEN **フォルダー「第3章」のファイル「第3章-2」を開いておきましょう。**

①1つ目の四角形を選択します。

②[Shift]を押しながら、そのほかの四角形を選択します。

③《書式》タブを選択します。

※お使いの環境によっては、《書式》が《図形の書式》と表示される場合があります。

④《図形のスタイル》グループの　図形の効果 ▼ （図形の効果）をクリックします。

⑤ **2019**

《影》をポイントし、《外側》の《オフセット：右下》をクリックします。

2016

《影》をポイントし、《外側》の《オフセット（斜め右下）》をクリックします。

※一覧をポイントすると、設定後のイメージを画面で確認できます。

四角形に影が設定されます。

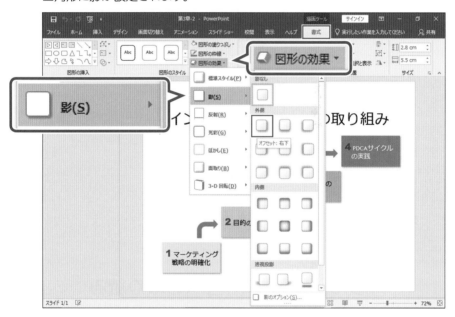

※ファイルを保存せずに閉じておきましょう。

 操作のポイント

影の方向

影は、さまざまな方向のものを設定できます。ここでは、左上から右下への影を選択しています。この方向が、最も自然な感じになります。特別な理由がなければ、影はこの方向を選択するとよいでしょう。

影の透過性やサイズの変更

影の透過性やサイズを変更する方法は、次のとおりです。

◆図形を右クリック→《図形の書式設定》→《図形のオプション》の 　 （効果）→《影》→《透明度》／《サイズ》

第1章
第2章
第3章
第4章
第5章
模擬試験
付録1
付録2
索引

12 図形の書式を変えて要素の性格の違いを明確に示す

性格が異なる要素は、形や色を変えるなどの工夫をすることで、よりわかりやすく伝えることができるようになります。

図3.26はインターネットのリスクを表した図解ですが、「誹謗中傷」や「風評被害」など5つの具体的なリスクを示した図形と、「インターネットリスク」と表示した図形がすべて円で示されているため平板な感じの図解になっています。このような図解は「インターネットリスク」を爆発型の図形で示すと、図解に変化が生まれて活気が感じられるだけでなく、リスクの存在をより強く感じ取ることができるようになります。図3.27は、円を爆発型に変えたうえで色も変えて強調した例です。

■図3.26　平板な感じの例

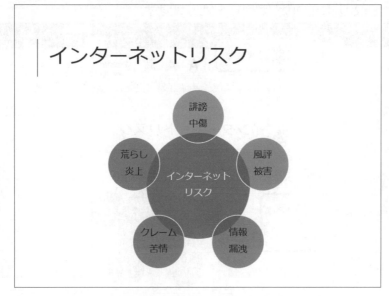

■図3.27　図形の形や色が内容と一致している例

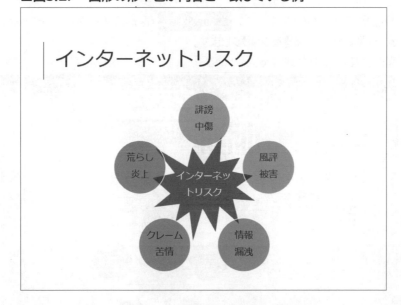

図3.26の図解は、SmartArtの「放射型ベン図」を使って作っています。SmartArtは、簡単な操作で一部の図形要素の形を変えることができます。

Let's Try ## SmartArtの図形要素の変更

放射型ベン図の中央にある円を「爆発：8pt」または「爆発1」の図形に変更し、色を「赤」にしましょう。

OPEN **フォルダー「第3章」のファイル「第3章-3」を開いておきましょう。**

①放射型ベン図の中央にある円を選択します。
②《書式》タブを選択します。
③《図形》グループの 図形の変更▾ （図形の変更）をクリックします。
④ **2019**

　《星とリボン》の ✸ （爆発：8pt）をクリックします。

　2016

　《星とリボン》の ✸ （爆発1）をクリックします。

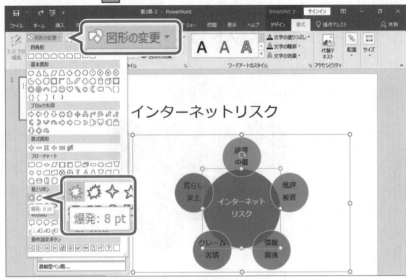

図形要素の形が変わります。

⑤《図形のスタイル》グループの 図形の塗りつぶし▾ （図形の塗りつぶし）をクリックします。
⑥《標準の色》の《赤》をクリックします。

図形要素の色が変わります。

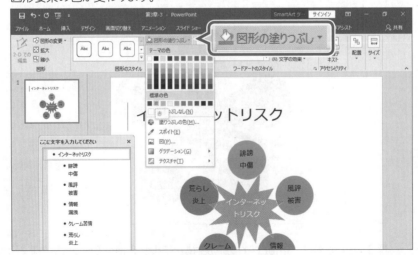

※ファイルを保存せずに閉じておきましょう。

その他の方法（SmartArtの図形要素の形の変更）
◆SmartArtの図形要素を右クリック→《図形の変更》

SmartArtの図形要素の形
SmartArtの一部の図形要素の形を変更するときは、内容に合った適切なものを選びます。形を変更してから大きさを変えたり回転したりすることもできるので、不自然さが残ったときは、修正します。

13　適切な段落間隔と行間にする

箇条書き同士の段落間隔や1つの箇条書きが2行以上になっている場合の行間は、自由に変更することができます。
図3.28は、既定値のまま箇条書きを表示した例です。行間は、標準の《1行》になっています。通常は、このままでも問題はありませんが、箇条書きごとにまとまった感じを強調したいときは、段落間隔や行間を変更することができます。

■図3.28　既定値による箇条書きの例

インターネット広告の特長

●インターネットは、コストを抑えてスピーディーに作成し、大きな反響を期待できる優れた広告の場です。
●インターネット広告は、明確なターゲッティングが可能で、効果的な媒体です。
●インターネット広告では、アクセスログ解析を使って効果測定ができるため、戦略的な広告活動が行えます。

■図3.29　段落間隔と行間を変更した箇条書きの例

インターネット広告の特長

●インターネットは、コストを抑えてスピーディーに作成し、大きな反響を期待できる優れた広告の場です。

●インターネット広告は、明確なターゲッティングが可能で、効果的な媒体です。

●インターネット広告では、アクセスログ解析を使って効果測定ができるため、戦略的な広告活動が行えます。

第1章
第2章
第3章
第4章
第5章
模擬試験
付録1
付録2
索引

Let's Try 段落間隔と行間の変更

箇条書きの段落後の間隔を「6pt」、箇条書きの行間を「30pt」に変更しましょう。

OPEN **フォルダー「第3章」のファイル「第3章-4」を開いておきましょう。**

①箇条書きのプレースホルダーを選択します。

※プレースホルダー内をクリックし、枠線をクリックします。プレースホルダーの枠線をクリックすると、破線が実線に変わります。

②《ホーム》タブを選択します。

③《段落》グループの [　] (段落) をクリックします。

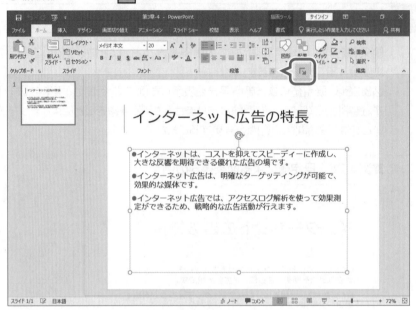

《段落》ダイアログボックスが表示されます。

④《インデントと行間隔》タブを選択します。

⑤《行間》の [∨] をクリックし、一覧から《固定値》を選択します。

⑥《間隔》を「30pt」に設定します。

⑦《段落後》を「6pt」に設定します。

⑧《OK》をクリックします。

段落間隔と行間が変更されます。

第1章

第2章

第3章

第4章

第5章

模擬試験

付録1

付録2

索引

インターネット広告の特長

●インターネットは、コストを抑えてスピーディーに作成し、大きな反響を期待できる優れた広告の場です。

●インターネット広告は、明確なターゲッティングが可能で、効果的な媒体です。

●インターーネット広告では、アクセスログ解析を使って効果測定ができるため、戦略的な広告活動が行えます。

※ファイルを保存せずに閉じておきましょう。

操作のポイント

その他の方法（段落間隔の設定）
◆ 段落を右クリック→《段落》→《インデントと行間隔》タブ→《段落前》／《段落後》

その他の方法（行間の設定）
◆ 段落を選択→《ホーム》タブ→《段落》グループの　 　（行間）
◆ 段落を右クリック→《段落》→《インデントと行間隔》タブ→《行間》

行間
PowerPointの既定の行間は、紙の文書と比べると狭くなっています。画面やスクリーンで読む文章の行間は狭くてもあまり気にならないためです。箇条書きの項目数や文字数に応じて、スライドにバランスよく配置されるように、適切な行間を設定しましょう。行間を狭くし過ぎたり、逆に広げ過ぎたりするのは避けましょう。

文字間隔
行間や段落間隔とは別に、文字と文字の間隔を調整することもできます。枠内からわずかにはみ出した文字を詰めて枠内に収めたいときなどに利用できます。
文字間隔を変更する方法は、次のとおりです。
◆ 文字を選択→《ホーム》タブ→《フォント》グループの　 　（文字の間隔）

14 適切なフォントを使う

スライドに使うフォントは、ゴシック系が向いています。ゴシック系であっても、スライドに使われるフォントは数種類にほぼ限定されます。
図3.30は、MSPゴシックを使った例です。MSPゴシックは、Microsoft Officeで使われる一般的なフォントの1つです。
図3.31は、メイリオを使った例です。メイリオもさまざまな文書やプレゼン資料で多く使われるフォントの1つですが、MSPゴシックと比べると可読性の高さは少し劣るものの、水平線、垂直線をより強く意識したデザインになっているためMSPゴシックよりも整った印象を与えます。
図3.32は、HG丸ゴシックM-PROを使った例です。フォントデザインの考え方はメイリオと同じで受ける印象も似ていますが、丸みがある文字のため柔らかさを感じます。
また、タイトルによく使われるフォントにはHGP創英角ゴシックUBがあります。

■図3.30　MSPゴシックを使った例

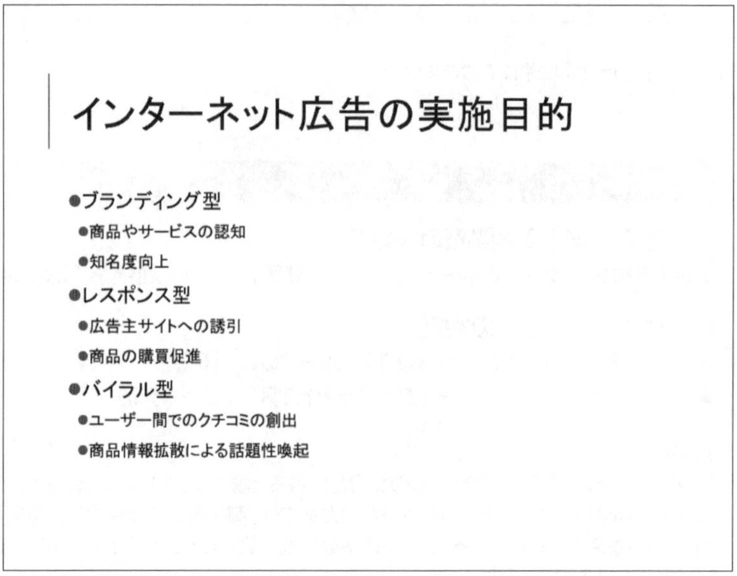
インターネット広告の実施目的
●ブランディング型
●商品やサービスの認知
●知名度向上
●レスポンス型
●広告主サイトへの誘引
●商品の購買促進
●バイラル型
●ユーザー間でのクチコミの創出
●商品情報拡散による話題性喚起

■図3.31　メイリオを使った例

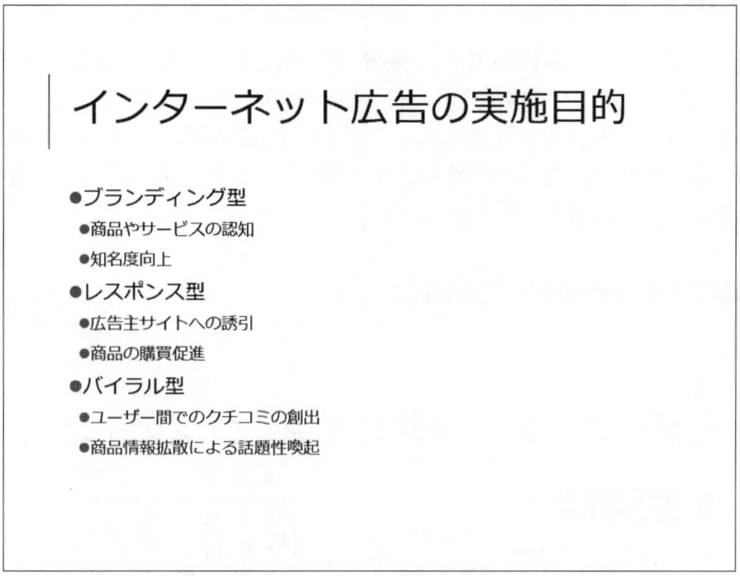

■図3.32　HG丸ゴシックM-PROを使った例

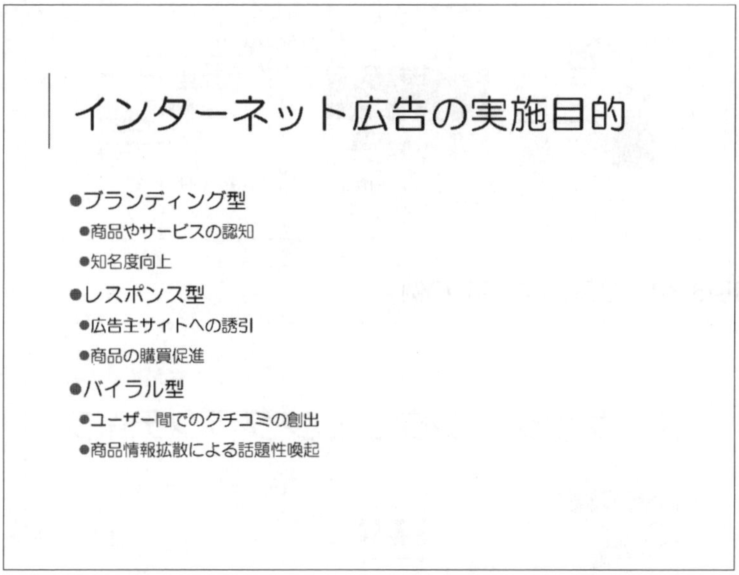

第1章

第2章

第3章

第4章

第5章

模擬試験

付録1

付録2

索引

スライド上には、図形（形、大きさ、線種、線の太さなど）、文字、画像など、さまざまな要素があります。これらの要素をそろえると整然とした印象が生まれます。

図3.33は、雑然とした感じがします。フォントサイズの不ぞろい、図形の形の不統一、矢印の位置・太さ・色・長さの不ぞろいなどがあるためです。図3.34は、これらの不ぞろいな箇所を修正して、整然とした感じのスライドにした例です。

■図3.33　要素が不ぞろいな例

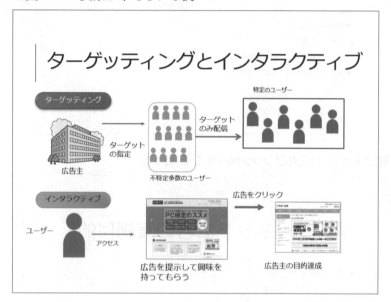

■図3.34　整然とした感じの例

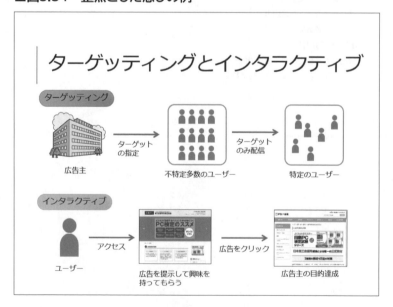

16　情報を詰め込み過ぎない

1枚のスライドでは、1つの事柄を説明します。1枚のスライドに2つ以上の事柄が含まれているときは、2枚のスライドに情報を分割して見やすいものにします。また、情報が詰め込まれ過ぎていて、文字や図が窮屈になっているときは、大事な情報やポイントだけを残して、それ以外の情報をそぎ落としましょう。

図3.35は、1枚のスライドに表とグラフが窮屈に押し込められており、文字も小さくなって見やすさが損なわれています。グラフの上部にある説明文も冗長です。この説明文は、簡潔にするかあるいは削除してもよいでしょう。

プレゼンでは、スライドだけで内容を説明するのではなく口頭による説明があるので、そのことを考えてスライドに表示させる文章はキーワードを中心にした簡潔なものにします。スライド上の文章を読ませるというのは避けなければなりません。聞き手は、文章を読むことに気をとられて話が耳に入らなくなります。

図3.35のようなスライドは、図3.36のように表とグラフを分けて2枚のスライドにすれば、問題は解消します。

■図3.35　情報が詰め込まれ過ぎた例

■図3.36　2枚に分割して適度な情報量にした例

		広告費（億円）			構成比（%）		
		2019年	2020年	2021年	2019年	2020年	2021年
マスコミ		28,809	28,885	29,393	48.9	48.4	47.8
	テレビ	18,770	19,023	19,564	31.9	31.9	31.8
	新聞	6,242	6,170	6,057	10.6	10.3	9.8
	その他	3,797	3,692	3,772	6.4	6.2	6.1
インターネット		8,680	9,381	10,519	14.7	15.7	17.1
	媒体	6,629	7,203	8,245	11.3	12.1	13.4
	制作	2,051	2,178	2,274	3.5	3.6	3.7
プロモーションメディアほか		21,424	21,446	21,610	36.4	35.9	35.1
	折込	5,165	5,103	4,920	8.8	8.5	8.0
	DM	3,960	3,893	3,923	6.7	6.5	6.4
	その他	12,299	12,450	12,767	20.9	20.9	20.8
総計		58,913	59,712	61,522	100.0	100.0	100.0

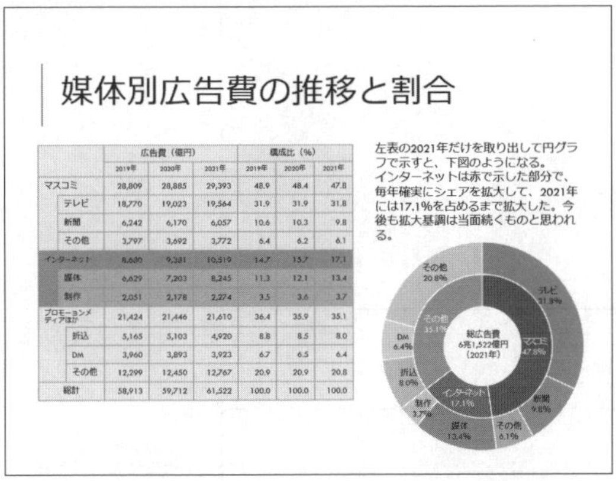

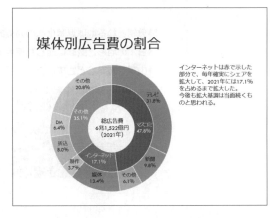

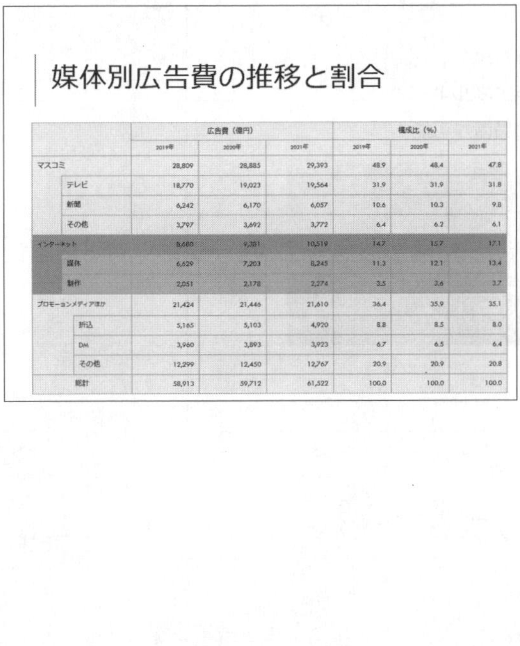

文章で説明するよりも写真を見たほうが一目瞭然という場合があります。また、写真を入れることで、スライドの雰囲気を変えることもできます。単なる添え物のような写真は入れる必要はありませんが、効果的と思える写真は積極的に使いましょう。

図3.37に写真がないスライド、図3.38に写真を入れたスライドを示します。受ける印象は大きく異なります。

■図3.37　箇条書きだけの例

風力発電の積極的導入

● 急務となる地球温暖化への効果的な対策

● 日本の地形と気候に適した再生可能エネルギー

● 山頂や海岸などさまざまな場所への設置が可能

■図3.38　写真が入った例

風力発電の積極的導入

● 急務となる地球温暖化への効果的な対策

● 日本の地形と気候に適した再生可能エネルギー

● 山頂や海岸などさまざまな場所への設置が可能

図解の活用

図解はプレゼン資料には不可欠なものであり、図解を使うことでプレゼンをわかりやすいものにすることができます。図解には、全体像を素早く伝えられたり、口頭による説明だけではわかりにくい内容を表現できたりといったさまざまな特長があります。

1 図解を作る

「図解」は、仕組みや手順などをさまざまな図形を使って表現した概念図です。Microsoft Officeには、図解を作る便利なツールとしてSmartArtがあります。SmartArtは、図解のひな形のようなものです。

SmartArtを使えば、かなりの範囲の図解を簡単に作ることができます。図解を作るときは、まずSmartArtが活用できるかどうかを検討します。一見、SmartArtでは作成が難しそうなものであっても、SmartArtに別の図形要素を追加したり、SmartArtの図形要素の一部を削除したり、一部の図形要素の形を変更したりして目指す図解に仕上げることができます。また、種類が異なる複数のSmartArtを組み合わせることで、1つの図解を完成させることもできます。

どうしてもSmartArtでは図解を作成することができないときは、SmartArtを離れて別の方法で図解を作ります。

2 SmartArtを挿入し加工する

図3.39は、2種類のSmartArtと図形を組み合わせて作成した図解です。SmartArtは、このように種類の異なるものを組み合わせて、より複雑な図解に仕上げていくこともできます。

■図3.39　SmartArtと図形を組み合わせて作成した図解の例

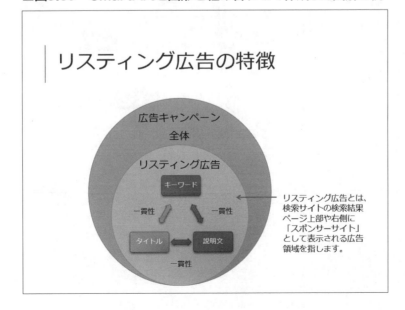

SmartArtの挿入

SmartArt「包含型ベン図」の上に、SmartArtを追加しましょう。ここでは、「循環」に含まれる「双方向循環」のSmartArtを挿入します。

OPEN **フォルダー「第3章」のファイル「第3章-5」を開いておきましょう。**

①《挿入》タブを選択します。

②《図》グループの [SmartArt] （SmartArtグラフィックの挿入）をクリックします。

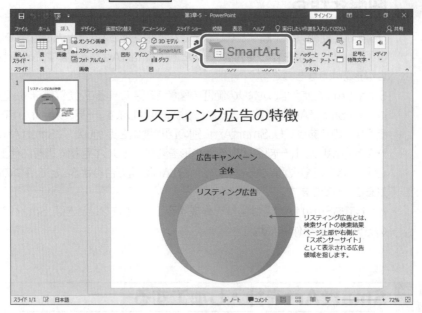

《SmartArtグラフィックの選択》ダイアログボックスが表示されます。

③左側の一覧から《循環》を選択します。

④中央の一覧から《双方向循環》を選択します。

⑤《OK》をクリックします。

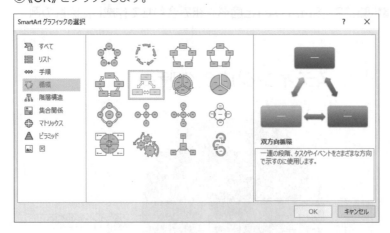

SmartArtが挿入されます。

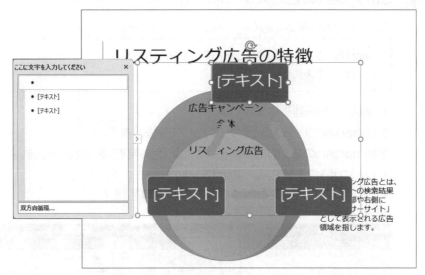

第1章

第2章

第3章

第4章

第5章

模擬試験

付録1

付録2

索引

Let's Try SmartArtへの文字の入力

テキストウィンドウを利用して、次のようにSmartArtに文字を入力しましょう。

・キーワード
・説明文
・タイトル

---

①SmartArtを選択します。

②SmartArtの左側にテキストウィンドウが表示されていることを確認します。

※テキストウィンドウが表示されていない場合は、《SmartArtツール》の《デザイン》タブ→《グラフィックの作成》グループの [国 テキストウィンドウ] (テキストウィンドウ) をクリックします。

③テキストウィンドウの1行目に「キーワード」と入力します。

テキストウィンドウに対応しているSmartArt内の図形要素に文字が表示されます。

④2行目に「説明文」と入力します。

⑤3行目に「タイトル」と入力します。

※テキストウィンドウを閉じておきましょう。

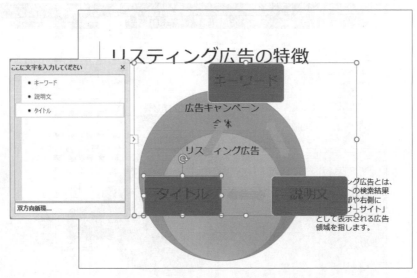

SmartArtの色とスタイルの設定

作成したSmartArtに、次のような色とスタイルを設定しましょう。

SmartArtの色　　　：カラフル－アクセント4から5
SmartArtのスタイル：光沢

①SmartArtを選択します。
②《SmartArtツール》の《デザイン》タブを選択します。
③《SmartArtのスタイル》グループの（色の変更）をクリックします。
④《カラフル》の《カラフル－アクセント4から5》をクリックします。
※一覧をポイントすると、設定後のイメージを画面で確認できます。
SmartArtの色が変更されます。

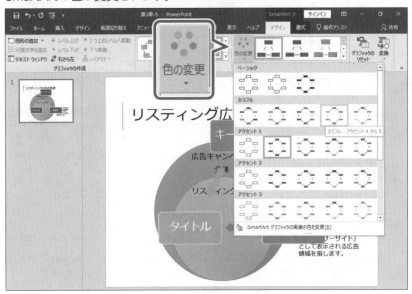

⑤《SmartArtのスタイル》グループの（その他）をクリックします。
⑥《ドキュメントに最適なスタイル》の《光沢》をクリックします。
※一覧をポイントすると、設定後のイメージを画面で確認できます。
SmartArtのスタイルが変更されます。

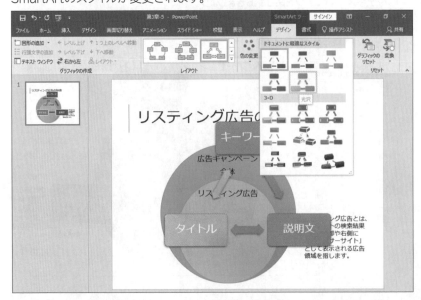

Let's Try SmartArtのサイズと位置の調整

作成したSmartArtが「**リスティング広告**」の円内に収まるように、SmartArtのサイズと位置を調整しましょう。

①SmartArtを選択します。
②SmartArtの右下の○（ハンドル）をドラッグして、SmartArtのサイズを変更します。

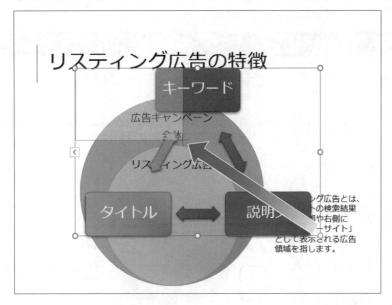

③SmartArtの周囲の枠線をドラッグして、SmartArtの位置を変更します。

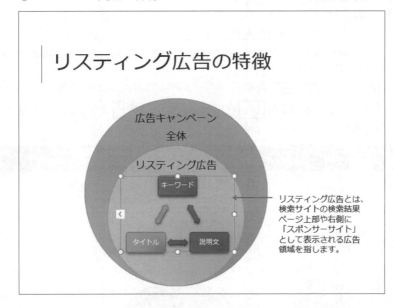

第1章
第2章
第3章
第4章
第5章
模擬試験
付録1
付録2
索引

Let's Try テキストボックスの挿入と書式設定

横書きのテキストボックスを挿入し、「**一貫性**」と入力しましょう。また、テキストボックスの
フォントサイズを「**14ポイント**」に設定しましょう。

①《**挿入**》タブを選択します。

②《**テキスト**》グループの をクリックします。

③テキストボックスを挿入する位置でクリックします。

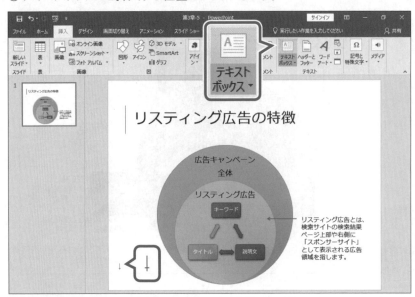

④「**一貫性**」と入力します。

⑤テキストボックスを選択します。

※テキストボックス内をクリックし、枠線をクリックします。テキストボックスの枠線をクリックすると、破線
が実線に変わります。

⑥《**ホーム**》タブを選択します。

⑦《**フォント**》グループの 18 ▼ （フォントサイズ）の ▼ をクリックし、一覧から《**14**》を選
択します。

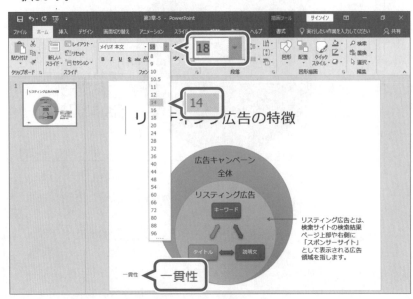

Let's Try テキストボックスの移動とコピー

作成したテキストボックスを移動し、2箇所にコピーしましょう。

①テキストボックスを選択します。

②テキストボックスの枠線をドラッグし、図のように移動します。

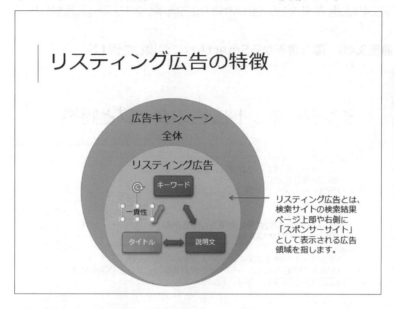

③ [Ctrl] を押しながら、テキストボックスの枠線をドラッグし、図のようにコピーします。

※ [Ctrl] を押しながら、ドラッグすると、テキストボックスをコピーできます。

④同様に、もう1つテキストボックスをコピーします。

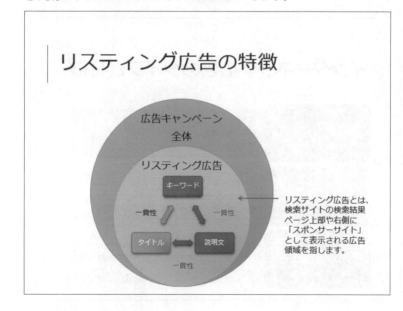

※ファイルを保存せずに閉じておきましょう。

第1章
第2章
第3章
第4章
第5章
模擬試験
付録1
付録2
索引

3 箇条書きをSmartArtに変換する

伝えたい内容を箇条書きに整理できると、その箇条書きをもとに簡単な操作でSmartArtに変換することができます。箇条書きにまとめることができたということは、かなり高いレベルで情報を整理できたともいえます。

図3.40は、箇条書きをSmartArtの「**縦方向ボックスリスト**」に変換した例です。

■図3.40　箇条書きからSmartArtに変換した例（1）

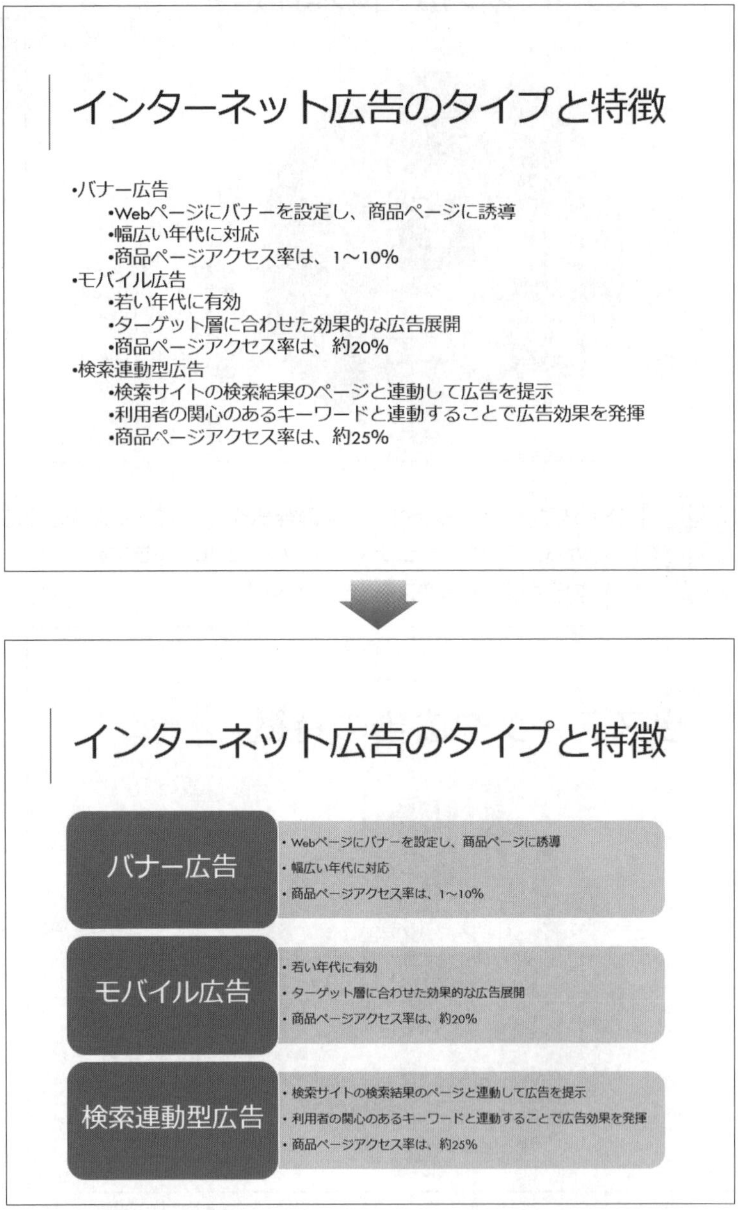

図3.41は、箇条書きをSmartArtの「階層リスト」「基本ベン図」「横方向箇条書きリスト」にそれぞれ変換した例です。

■図3.41　箇条書きからSmartArtに変換した例（2）

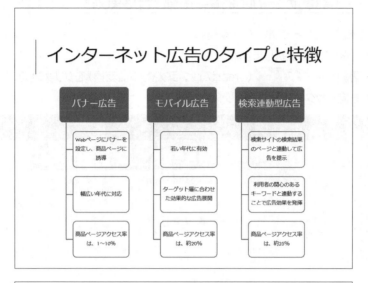

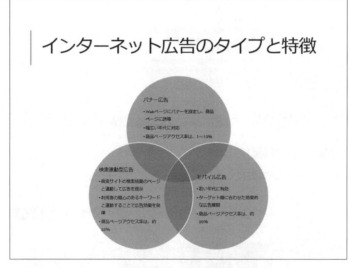

Let's Try　箇条書きからSmartArtへの変換

箇条書きをSmartArtの「縦方向ボックスリスト」に変換しましょう。

OPEN　フォルダー「第3章」のファイル「第3章-6」を開いておきましょう。

①箇条書きのプレースホルダーを選択します。

②《ホーム》タブを選択します。

③《段落》グループの ▣▾ (SmartArtグラフィックに変換) をクリックします。

④《縦方向ボックスリスト》をクリックします。

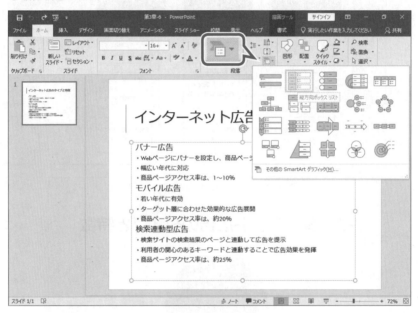

箇条書きがSmartArtに変換されます。

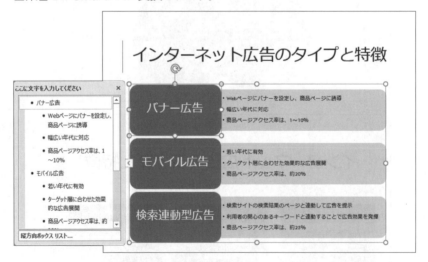

※ファイルを保存せずに閉じておきましょう。

さまざまな図解を作る

SmartArtの図解パターンに適用できるものがないときに、図解を作るほかの方法を説明します。

次の枠内の文章を図解にしてみましょう。

> インターネット広告のプル型とプッシュ型
> インターネット広告は、形態別にいくつかの分類ができます。その中に、プル型とプッシュ型があります。
> プル型はバナー広告のように、広告主が出稿したウェブサイトのバナーを、ユーザーが閲覧しクリックするというアクションによって、広告主のウェブサイトにアクセスがある方式です。
> 一方、メールマガジンのように、広告主はユーザーに情報をメールによって直接届けて、広告主のウェブサイトにアクセスを促す方式をプッシュ型といいます。

図解にするには、キーワードの抽出から始めます。この文章のキーワードは、次の赤で示した語句になります。

> インターネット広告のプル型とプッシュ型
> インターネット広告は、形態別にいくつかの分類ができます。その中に、プル型とプッシュ型があります。
> プル型はバナー広告のように、広告主が出稿したウェブサイトのバナーを、ユーザーが閲覧しクリックするというアクションによって、広告主のウェブサイトにアクセスがある方式です。
> 一方、メールマガジンのように、広告主はユーザーに情報をメールによって直接届けて、広告主のウェブサイトにアクセスを促す方式をプッシュ型といいます。

抽出したキーワードを、次のように書き出します。

■図3.42　キーワードの抽出

プル型	プッシュ型
バナー広告	メールマガジン
広告主	広告主
出稿	ユーザー
ウェブサイト	メール
ユーザー	広告主のウェブサイト
閲覧	アクセス
広告主のウェブサイト	
アクセス	

書き出したキーワードを眺め、全体の関係を考えながらおおよその配置を決め、キーワード間の関係を直線や矢印で結びます。矢印に添えるキーワードがあれば、矢印の近くに移動します。

この段階で、不要と思われるキーワードの削除、キーワードの分割、キーワードへの補足、不足していると思われるキーワードの追加などを行います。このような作業を経て、次のような図解の原型ができます。

■図3.43　図解の原型

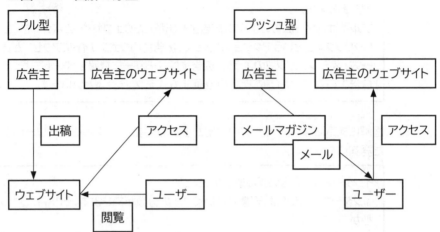

さらに、キーワードに画像を追加したり、キーワードを図に置き換えたりして図解として完成させます。次のような図解ができ上がります。

■図3.44　完成した図解

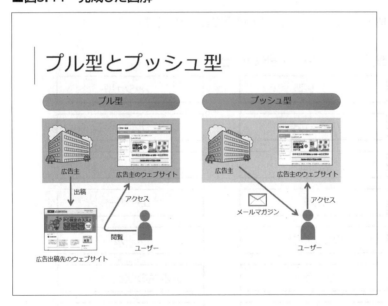

第1章

第2章

第3章

第4章

第5章

模擬試験

付録1

付録2

索引

5 矢印を上手に使う

矢印は、さまざまな意味合いを込めて使える便利な図形です。矢印をうまく使うことで、図解はより簡潔でわかりやすいものになります。

図3.45は、要素間のやり取りを矢印を使って示した図解です。矢印の意味が読み手に理解できるときは矢印だけで表示しますが、矢印の意味も明確に示したいときは、矢印に文字を添えます。やり取りに順序があるときは、この例のように番号を表示します。

■図3.45　矢印を使用した図解の例

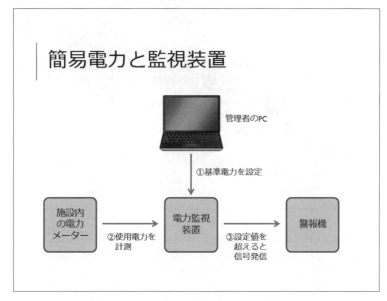

図3.46は、対比を示すために、両端矢印を使った図解の例です。矢印がなくても意味は通じますが、矢印を表示させることで図解としての表現力が高まり、対比の関係を明確に認識することができます。

■図3.46　対比を表す両端矢印を使った図解の例

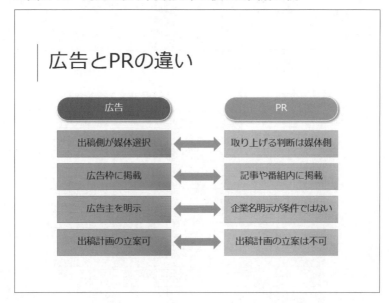

図3.47は、右上方向に向いた矢印を使った図解の例です。右上方向に向いた矢印は、上昇のイメージを強く与えるため、ステップアップや急拡大の意味合いを強調したいときによく使われます。

■図3.47　右上方向に向いた矢印を使った図解の例

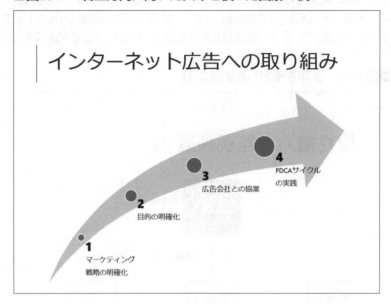

フレームワークの活用

フレームワークとは、広く使われていて使用する形も決まっているものを指し、図解にも多くの種類のフレームワークがあります。SmartArtには、フレームワークとして使えるいくつかの図解パターンが用意されています。それらを活用することで、効率よく定番の図解を作成することができます。
ここでは、フレームワークの中からSmartArtが利用できるものを選んで説明します。

第1章

第2章

第3章

第4章

第5章

模擬試験

付録1

付録2

索引

1 マトリックス図を作る

縦軸・横軸を2分割して作った4つのマス目（象限）に、キーワードや分類した項目を配置して作る図解は、「マトリックス図」と呼ばれます。マトリックス図で示すことで、全体の中で個々の要素がどのような位置付けにあるのかが明確になり、現状をわかりやすく知らせるのに役立ちます。
図3.48は、業務の優先順位を検討するために作成したマトリックス図です。ここでは、横軸に重要度、縦軸に緊急度をとっていますが、軸にはさまざまな指標を設定することができます。的確な作り方をしたマトリックス図は、複雑な内容も単純化してわかりやすく表現できるので、プレゼンでも効果的に使えます。

■図3.48　マトリックス図の例

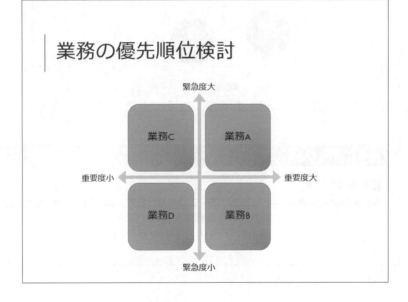

操作のポイント

マトリックス図の作成
マトリックス図を、SmartArtを使って作成する場合、「マトリックス」に含まれる「グリッドマトリックス」を使って作成すると効率的です。

マトリックス図に似た図解に「座標図」があります。座標図は、縦軸・横軸に変数となる項目を設定します。図3.49に示すように、軸に設定する変数は連続する量になるため、配置する要素を座標平面の任意の位置に置くことができるのがマトリックス図との違いです。マトリックス図では、強引に4つのマス目のどこかに配置しなければなりませんでしたが、座標図では図3.49のように微妙な位置関係も示すことができます。

軸の両端には「多い」「少ない」、「大きい」「小さい」、「速い」「遅い」など対極にある言葉をいろいろ置くことができるので、さまざまな整理や分析に利用できます。座標図もプレゼンではよく使われます。

■図3.49　座標図の例

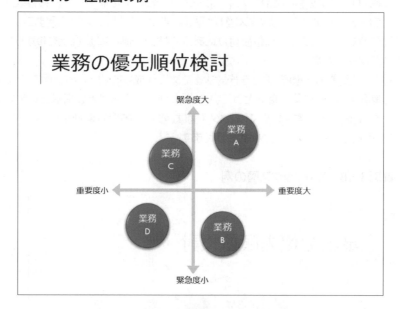

 操作のポイント

座標図の作成

SmartArtには座標図専用の図解パターンは用意されていませんが、「マトリックス」に含まれる「グリッドマトリックス」を加工すれば、座標図を作成できます。

角丸四角形を「塗りつぶしなし」、「枠線なし」または「線なし」にして消してから、新たに図形を追加します。

| 第1章 |
| 第2章 |
| 第3章 |
| 第4章 |
| 第5章 |
| 模擬試験 |
| 付録1 |
| 付録2 |
| 索引 |

3 ロジックツリーを作る

「ロジックツリー」は、一般的に課題に対してトップダウン型で問題解決を進めるツールとして使われています。わかりやすい図解なので、問題解決のツールとしてだけでなく、大きなテーマに対して下位概念に向けてブレークダウンしながらまとめ、それをプレゼン用として使うこともあります。

図3.50は、「SNSの活用」についてロジックツリーを使って具体的な項目までブレークダウンした内容を示しています。

■図3.50　ロジックツリーの例

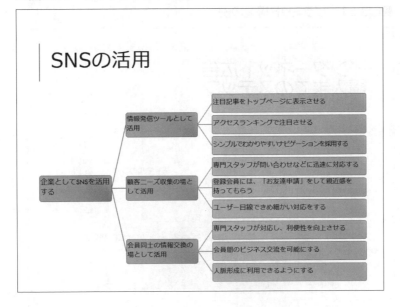

操作のポイント

ロジックツリーの作成

ロジックツリーを、SmartArtを使って作成する場合、「階層構造」に含まれる「横方向階層」を使って作成すると効率的です。ロジックツリーの作成には、「組織図」「水平方向の組織図」「複数レベル対応の横方向階層」も使われます。

階層構造を持っている内容は、「ピラミッド構造」で示すとわかりやすくなります。SmartArtを利用すると、階層の数も自由に増減できます。SmartArtのピラミッドに別の図形を追加してより複雑な内容を表現することもできます。逆三角形の形をした「**反転ピラミッド**」も用意されています。

図3.51は、インターネット広告で購入に至るまでの段階を、頂点に「**購入**」を置いてピラミッド構造で表現したものです。単なる手順を示す図解に比べ、段階的に変化する広告とチャネルの役割が直感的に理解できるものになっています。

■図3.51　ピラミッド構造の例

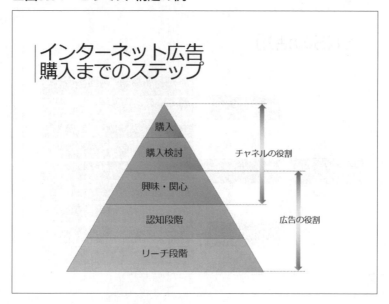

 操作のポイント

ピラミッド構造の作成
ピラミッド構造を、SmartArtを使って作成する場合、「ピラミッド」に含まれる「基本ピラミッド」を使って作成すると効率的です。

第1章

第2章

第3章

第4章

第5章

模擬試験

付録1

付録2

索引

5　そのほかのフレームワークを利用する

SmartArtが利用できるそのほかのフレームワークとしては、「PDCA」、「3C」、「4P」、「5W1H」などがあります。

図3.52は、「ボックス循環」を使った、「広告出稿後の効果測定」を示すPDCAの図解です。図3.53は、「基本ベン図」を使った「戦略フレームワーク3C」の図解です。図3.54は、「基本ベン図」を使った「マーケティングの4P」の図解です。

図3.55は、「基本放射」を使った「5W1Hでチェック」の図解です。基本放射の中央の円と直線は「塗りつぶしなし」、「枠線なし」または「線なし」にして消しています。また周囲の円は、すべての円を選択したうえで、円同士が密着するまで拡大しています。すべての円を選択するには、1つ目の円を選択したあと、 Shift を押しながら2つ目以降の円を選択します。選択した円を拡大するには、 Shift を押しながら○（ハンドル）をドラッグします。

■図3.52　PDCAの例

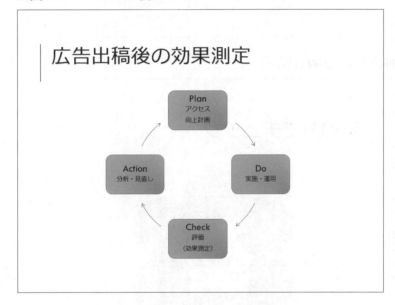

■図3.53　3Cの例

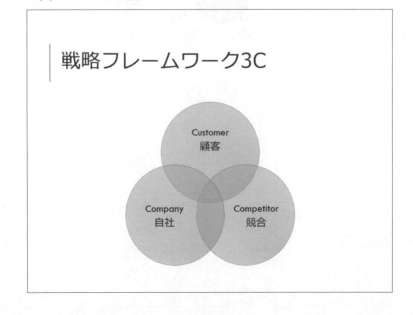

■図3.54　4Pの例

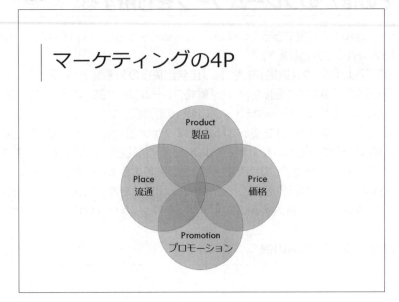

■図3.55　5W1Hの例

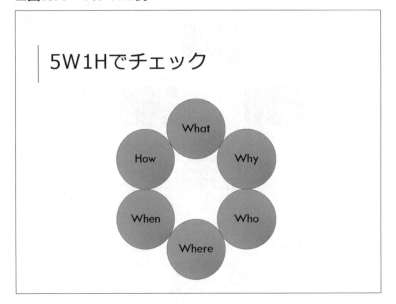

STEP 4 表・グラフの活用

複雑な内容の箇条書きや文章をわかりやすくまとめて示したいとき、表が利用できます。同じような項目が含まれている文章や箇条書きの場合は、特に効果的です。
数字が多い表で、その内容を直感的に示したいときはグラフが適しています。グラフ化することで、数字を見ていただけでは気付かなかった全体の傾向、特徴、異常値などが見えやすくなります。

1 表を加工する

図3.56は、数値を見せる目的で作成した表です。列幅をそろえたり文字の配置を整えたり特定の行を目立たせたりしています。表はレイアウトを整えて加工することで、見やすさが向上します。

■図3.56　見やすく加工された表の例

媒体別広告費の推移

		広告費（億円）			構成比（%）		
		2019年	2020年	2021年	2019年	2020年	2021年
マスコミ		28,809	28,885	29,393	48.9	48.4	47.8
	テレビ	18,770	19,023	19,564	31.9	31.9	31.8
	新聞	6,242	6,170	6,057	10.6	10.3	9.8
	その他	3,797	3,692	3,772	6.4	6.2	6.1
インターネット		8,680	9,381	10,519	14.7	15.7	17.1
	媒体	6,629	7,203	8,245	11.3	12.1	13.4
	制作	2,051	2,178	2,274	3.5	3.6	3.7
プロモーションメディアほか		21,424	21,446	21,610	36.4	35.9	35.1
	折り込み	5,165	5,103	4,920	8.8	8.5	8.0
	DM	3,960	3,893	3,923	6.7	6.5	6.4
	その他	12,299	12,450	12,767	20.9	20.9	20.8
総計		58,913	59,712	61,522	100.0	100.0	100.0

表の列幅の変更

表の2列目（「テレビ」の列）の列幅を広くし、3～8列目の列幅をそろえましょう。

フォルダー「第3章」のファイル「第3章-7」を開いておきましょう。

①「テレビ」のセルの右側の境界線をポイントします。
※マウスポインターの形が ←‖→ に変わります。
②右側にドラッグします。

媒体別広告費の推移

		広告費（億円）			構成比（％）		
		2019年	2020年	2021年	2019年	2020年	2021年
マスコミ		28,809	28,885	29,393	48.9	48.4	47.8
	テレビ	18,770	19,023	19,564	31.9	31.9	31.8
	新聞	6,242	6,170	6,057	10.6	10.3	9.8
	その他	3,797	3,692	3,772	6.4	6.2	6.1
インターネット		8,680	9,381	10,519	14.7	15.7	17.1
	媒体	6,629	7,203	8,245	11.3	12.1	13.4
	制作	2,051	2,178	2,274	3.5	3.6	3.7
プロモーションメディアほか		21,424	21,446	21,610	36.4	35.9	35.1
	折り込み	5,165	5,103	4,920	8.8	8.5	8.0
	DM	3,960	3,893	3,923	6.7	6.5	6.4
	その他	12,299	12,450	12,767	20.9	20.9	20.8
総計		58,913	59,712	61,522	100.0	100.0	100.0

2列目の列幅が変更されます。

媒体別広告費の推移

		広告費（億円）			構成比（％）		
		2019年	2020年	2021年	2019年	2020年	2021年
マスコミ		28,809	28,885	29,393	48.9	48.4	47.8
	テレビ	18,770	19,023	19,564	31.9	31.9	31.8
	新聞	6,242	6,170	6,057	10.6	10.3	9.8
	その他	3,797	3,692	3,772	6.4	6.2	6.1
インターネット		8,680	9,381	10,519	14.7	15.7	17.1
	媒体	6,629	7,203	8,245	11.3	12.1	13.4
	制作	2,051	2,178	2,274	3.5	3.6	3.7
プロモーションメディアほか		21,424	21,446	21,610	36.4	35.9	35.1
	折り込み	5,165	5,103	4,920	8.8	8.5	8.0
	DM	3,960	3,893	3,923	6.7	6.5	6.4
	その他	12,299	12,450	12,767	20.9	20.9	20.8
総計		58,913	59,712	61,522	100.0	100.0	100.0

③3～8列目を選択します。

④《レイアウト》タブを選択します。

⑤《セルのサイズ》グループの 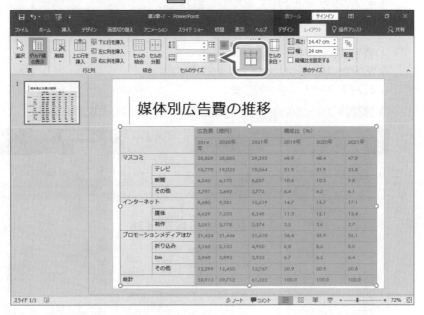 (幅を揃える)をクリックします。

3～8列目の列幅が同じ幅に調整されます。

媒体別広告費の推移

		広告費（億円）			構成比（％）		
		2019年	2020年	2021年	2019年	2020年	2021年
マスコミ		28,809	28,885	29,393	48.9	48.4	47.8
	テレビ	18,770	19,023	19,564	31.9	31.9	31.8
	新聞	6,242	6,170	6,057	10.6	10.3	9.8
	その他	3,797	3,692	3,772	6.4	6.2	6.1
インターネット		8,680	9,381	10,519	14.7	15.7	17.1
	媒体	6,629	7,203	8,245	11.3	12.1	13.4
	制作	2,051	2,178	2,274	3.5	3.6	3.7
プロモーションメディアほか		21,424	21,446	21,610	36.4	35.9	35.1
	折り込み	5,165	5,103	4,920	8.8	8.5	8.0
	DM	3,960	3,893	3,923	6.7	6.5	6.4
	その他	12,299	12,450	12,767	20.9	20.9	20.8
総計		58,913	59,712	61,522	100.0	100.0	100.0

操作のポイント

その他の方法（列幅の変更）

◆列を選択→《レイアウト》タブ→《セルのサイズ》グループの 🔲 (列の幅の設定)

第1章
第2章
第3章
第4章
第5章
模擬試験
付録1
付録2
索引

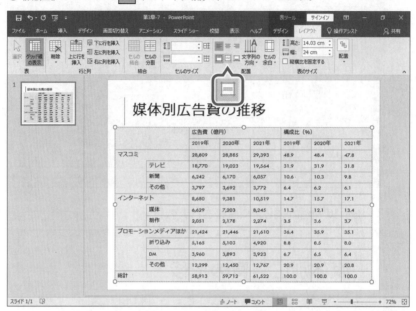

Let's Try 表内の文字の配置

セル内の文字は、縦位置と横位置でそれぞれ配置を設定できます。
表全体の文字を上下中央揃えに設定しましょう。
また、表の1～2行目の項目名を中央揃え、数字を右揃えに設定しましょう。

①表を選択します。
※表の周囲の枠線をクリックし、表全体を選択します。
②《レイアウト》タブを選択します。
③《配置》グループの ☐ （上下中央揃え）をクリックします。

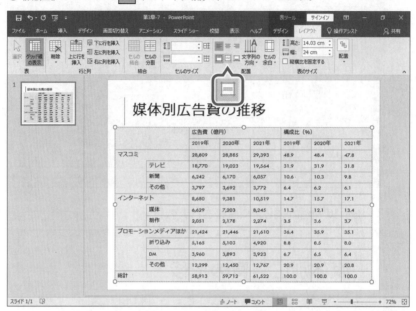

④1～2行目を選択します。
⑤《配置》グループの ☰ （中央揃え）をクリックします。
⑥数字のセルをすべて選択します。
⑦《配置》グループの ☰ （右揃え）をクリックします。

媒体別広告費の推移

		広告費（億円）			構成比（%）		
		2019年	2020年	2021年	2019年	2020年	2021年
マスコミ		28,809	28,885	29,393	48.9	48.4	47.8
	テレビ	18,770	19,023	19,564	31.9	31.9	31.8
	新聞	6,242	6,170	6,057	10.6	10.3	9.8
	その他	3,797	3,692	3,772	6.4	6.2	6.1
インターネット		8,680	9,381	10,519	14.7	15.7	17.1
	媒体	6,629	7,203	8,245	11.3	12.1	13.4
	制作	2,051	2,178	2,274	3.5	3.6	3.7
プロモーションメディアほか		21,424	21,446	21,610	36.4	35.9	35.1
	折り込み	5,165	5,103	4,920	8.8	8.5	8.0
	DM	3,960	3,893	3,923	6.7	6.5	6.4
	その他	12,299	12,450	12,767	20.9	20.9	20.8
総計		58,913	59,712	61,522	100.0	100.0	100.0

第3章 プレゼン資料の作成

セルの塗りつぶし

表の中で強調したい箇所がある場合は、セルに色を付けると効果的です。
「インターネット」「媒体」「制作」を示す部分に次の色を設定しましょう。

> 「インターネット」を示す部分　：赤、アクセント2、白+基本色40%
> 「媒体」を示す部分　　　　　 ：赤、アクセント2、白+基本色60%
> 「制作」を示す部分　　　　　 ：赤、アクセント2、白+基本色60%

①「インターネット」の行を選択します。

②《表ツール》の《デザイン》タブを選択します。

※お使いの環境によっては、《デザイン》が《テーブルデザイン》と表示される場合があります。

③《表のスタイル》グループの ▥▾ (塗りつぶし)の ▾ をクリックします。

④《テーマの色》の《赤、アクセント2、白+基本色40%》をクリックします。

⑤「媒体」の左のセルを選択します。

⑥ F4 を押します。

※ F4 は、直前の操作を繰り返します。

⑦「媒体」のセルから「3.7」のセルまでを選択します。

⑧《表のスタイル》グループの ▥▾ (塗りつぶし)の ▾ をクリックします。

⑨《テーマの色》の《赤、アクセント2、白+基本色60%》をクリックします。

媒体別広告費の推移

		広告費（億円）			構成比（％）		
		2019年	2020年	2021年	2019年	2020年	2021年
マスコミ		28,809	28,885	29,393	48.9	48.4	47.8
	テレビ	18,770	19,023	19,564	31.9	31.9	31.8
	新聞	6,242	6,170	6,057	10.6	10.3	9.8
	その他	3,797	3,692	3,772	6.4	6.2	6.1
インターネット		8,680	9,381	10,519	14.7	15.7	17.1
	媒体	6,629	7,203	8,245	11.3	12.1	13.4
	制作	2,051	2,178	2,274	3.5	3.6	3.7
プロモーションメディアほか		21,424	21,446	21,610	36.4	35.9	35.1
	折り込み	5,165	5,103	4,920	8.8	8.5	8.0
	DM	3,960	3,893	3,923	6.7	6.5	6.4
	その他	12,299	12,450	12,767	20.9	20.9	20.8
総計		58,913	59,712	61,522	100.0	100.0	100.0

※ファイルを保存せずに閉じておきましょう。

2　グラフを加工する

グラフを作成したら、必要な加工をすることでプレゼンに適したものに変えていくことができます。

図3.57の縦棒グラフは、データラベルをデータ系列（棒）の上部に表示させ、目盛線を消してすっきりさせています。データ系列同士の間隔も狭くして、バランスをとっています。また、右肩上がりの矢印と簡潔な解説を追加して、全体の傾向が一目でわかるようにしています。

■図3.57　見やすく加工されたグラフの例

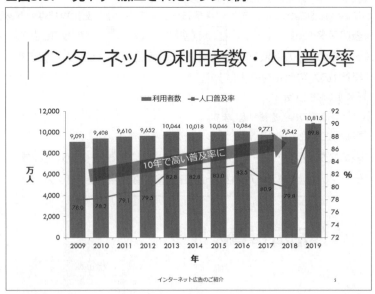

Let's Try　凡例の移動

グラフのデータ系列に割り当てられた色を識別するための情報を「凡例」といいます。
凡例をグラフの上側に移動しましょう。

　フォルダー「第3章」のファイル「第3章-8」を開いておきましょう。

①グラフを選択します。

②　をクリックします。

③《グラフ要素》の《凡例》が　になっていることを確認します。

④《凡例》の▶をクリックし、《上》をクリックします。

※《凡例》をポイントすると、▶が表示されます。

凡例がグラフの上側に移動します。

※グラフ以外の場所をクリックしておきましょう。

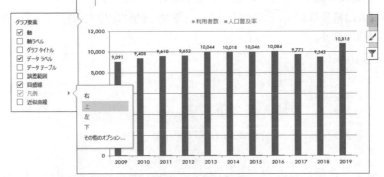

第1章
第2章
第3章
第4章
第5章
模擬試験
付録1
付録2
索引

操作のポイント

その他の方法（凡例の移動）
◆ グラフを選択→《グラフツール》の《デザイン》タブ→《グラフのレイアウト》グループの （グラフ要素を追加）→《凡例》
※お使いの環境によっては、《デザイン》が《グラフのデザイン》と表示される場合があります。

Let's Try 複合グラフの作成

複数のデータ系列のうち、特定のデータ系列だけグラフの種類を変更できます。同一のグラフエリア内に、異なる種類のグラフを表示したものを「**複合グラフ**」といいます。複合グラフは、単位が大幅に異なるデータを表現するときに使われます。

「人口普及率」のデータ系列だけをマーカー付き折れ線グラフに変更しましょう。また、「人口普及率」の推移を確認しやすくするために、第2軸を追加しましょう。

①「人口普及率」のデータ系列を選択します。
※データ系列が選択しにくい場合は、《書式》タブ→《現在の選択範囲》グループの グラフ エリア （グラフ要素）の ▼ →「系列"人口普及率"」を選択します。

②《グラフツール》の《デザイン》タブを選択します。
※お使いの環境によっては、《デザイン》が《グラフのデザイン》と表示される場合があります。

③《種類》グループの （グラフの種類の変更）をクリックします。

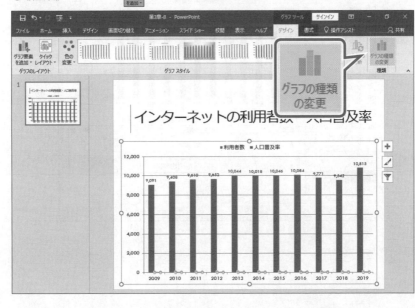

《グラフの種類の変更》ダイアログボックスが表示されます。

④左側の一覧から《組み合わせ》を選択します。

⑤右側の一覧から （ユーザー設定の組み合わせ）を選択します。

⑥《人口普及率》の ⌄ をクリックし、一覧から《折れ線》の ⌁ （マーカー付き折れ線）を
選択します。

⑦「人口普及率」の《第2軸》を ✔ にします。

⑧《OK》をクリックします。

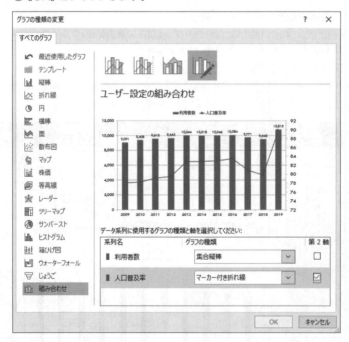

「人口普及率」のデータ系列がマーカー付き折れ線グラフになります。

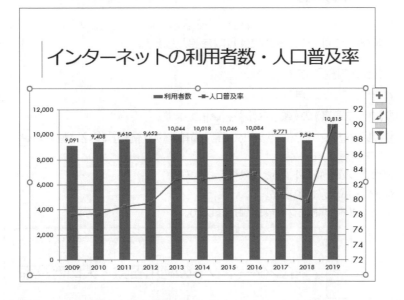

第1章

第2章

第3章

第4章

第5章

模擬試験

付録1

付録2

索引

操作のポイント

その他の方法（グラフの種類の変更）
◆データ系列を右クリック→《系列グラフの種類の変更》

Let's Try　**第2軸の書式設定**

第2軸のフォントサイズを「14ポイント」に設定しましょう。

①第2軸を選択します。
②《ホーム》タブを選択します。
③《フォント》グループの 18 ▼ （フォントサイズ）の ▼ をクリックし、一覧から《14》を選択します。

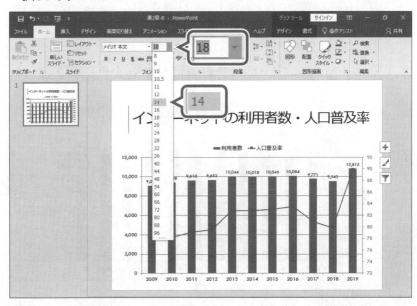

Let's Try 軸ラベルの表示

値軸の単位がわかるように、軸ラベルを表示しましょう。左側の第1縦軸には「**万人**」、右側の第2縦軸には「**%**」、横軸には「**年**」を追加します。

①グラフを選択します。

② ＋ をクリックします。

③《グラフ要素》の《軸ラベル》を ☑ にします。

④《軸ラベル》の ▶ をクリックし、《**第1横軸**》《**第1縦軸**》《**第2縦軸**》が ☑ になっていることを確認します。

※《軸ラベル》をポイントすると、▶ が表示されます。

軸ラベルが表示されます。

※グラフ以外の場所をクリックしておきましょう。

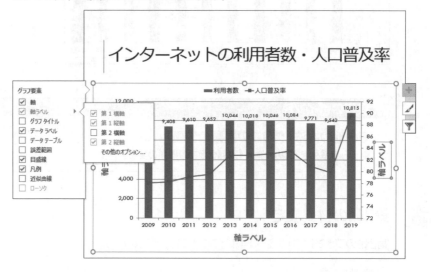

⑤第1縦軸の「**軸ラベル**」を「**万人**」に修正します。

⑥第2縦軸の「**軸ラベル**」を「**%**」に修正します。

※「%」は半角で入力します。

⑦第1横軸の「**軸ラベル**」を「**年**」に修正します。

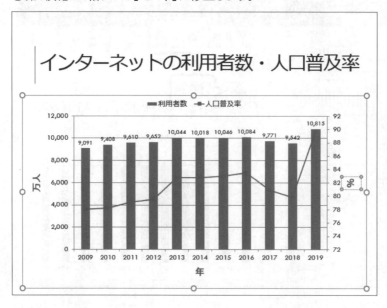

Let's Try 軸ラベルの書式設定

軸ラベル「万人」と軸ラベル「%」を縦書きにしましょう。
また、軸ラベルのフォントサイズを「16ポイント」に設定しましょう。

①軸ラベル「万人」を選択します。
②《ホーム》タブを選択します。
③《段落》グループの ⅢⅢ▼ (文字列の方向) をクリックします。
④《縦書き》をクリックします。

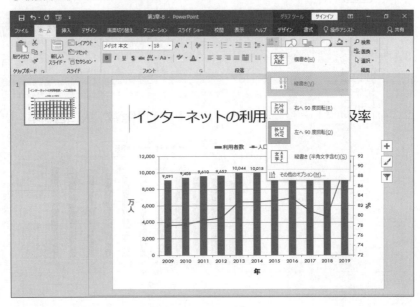

⑤軸ラベル「%」を選択します。
⑥《段落》グループの ⅢⅢ▼ (文字列の方向) をクリックします。
⑦《縦書き (半角文字含む)》をクリックします。
※半角文字が含まれる場合、《縦書き (半角文字含む)》を選択します。

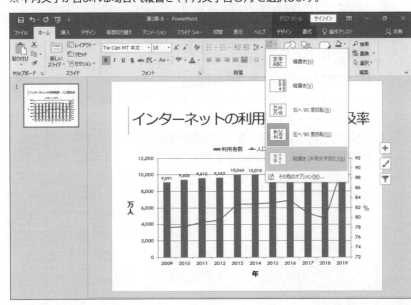

⑧軸ラベル「万人」を選択します。

⑨《ホーム》タブを選択します。

⑩《フォント》グループの 18 ▾ （フォントサイズ）の ▾ をクリックし、一覧から《16》を選択します。

⑪軸ラベル「%」を選択します。

⑫ F4 を押します。

⑬軸ラベル「年」を選択します。

⑭ F4 を押します。

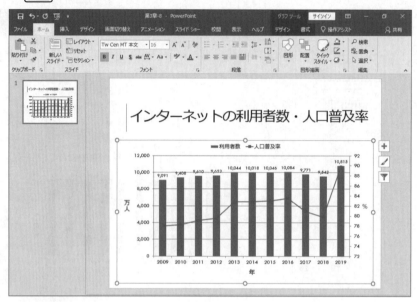

Let's Try　データラベルの表示

折れ線グラフの下側にデータラベルを表示し、小数点第1位まで表示されるように設定しましょう。

また、データラベルのフォントサイズを「12ポイント」に設定しましょう。

①「人口普及率」のデータ系列を選択します。

② ➕ をクリックします。

③《グラフ要素》の《データラベル》を ☑ にします。

④《データラベル》の ▶ をクリックし、一覧から《下》を選択します。

※《データラベル》をポイントすると、▶ が表示されます。

折れ線グラフの下側にデータラベルが表示されます。

※グラフ以外の場所をクリックしておきましょう。

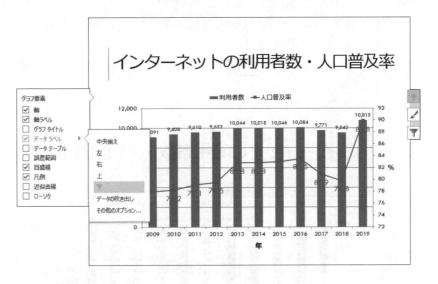

⑤「人口普及率」のデータラベルを右クリックします。

⑥《データラベルの書式設定》をクリックします。

《データラベルの書式設定》作業ウィンドウが表示されます。

⑦《ラベルオプション》の ▮▮ (ラベルオプション)をクリックします。

⑧《表示形式》の詳細を表示します。

※詳細が表示されていない場合は、《表示形式》をクリックします。

⑨《カテゴリ》の ▾ をクリックし、一覧から《数値》を選択します。

⑩《小数点以下の桁数》に「1」と入力し、Enter を押します。

データラベルが小数点第1位まで表示されます。

⑪《データラベルの書式設定》作業ウィンドウの × (閉じる)をクリックします。

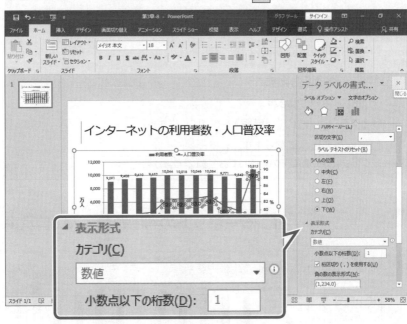

第1章

第2章

第3章

第4章

第5章

模擬試験

付録1

付録2

索引

⑫折れ線グラフのデータラベルが選択されていることを確認します。

⑬《ホーム》タブを選択します。

⑭《フォント》グループの 18 ▾ （フォントサイズ）の ▾ をクリックし、一覧から《12》を選択します。

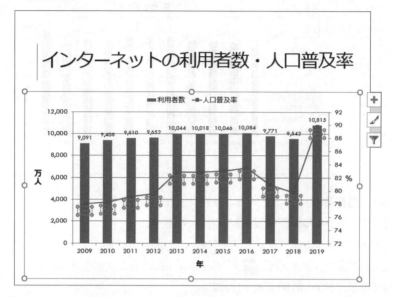

操作のポイント

その他の方法（データラベルの表示）
◆データ系列を右クリック→《データラベルの追加》→《データラベルの追加》

Let's Try　目盛線の非表示

目盛線を非表示にしましょう。

①グラフを選択します。

② ╋ をクリックします。

③《グラフ要素》の《目盛線》を □ にします。

目盛線が非表示になります。

※グラフ以外の場所をクリックしておきましょう。

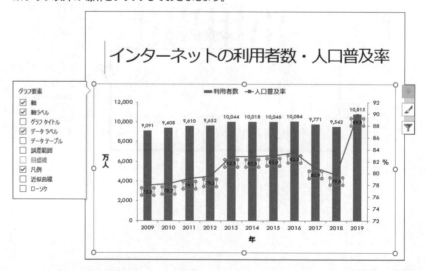

第1章

第2章

第3章

第4章

第5章

模擬試験

付録1

付録2

索引

操作のポイント

その他の方法（目盛線の非表示）

◆目盛線を選択→[Delete]

値軸の最小値・最大値・目盛間隔の設定

値軸の最小値・最大値・目盛間隔は、自動的に設定されます。変更する方法は、次のとおりです。

◆値軸を右クリック→《軸の書式設定》→《軸のオプション》の ▮▮ （軸のオプション）→《軸のオプション》→《最小値》・《最大値》・《主》で設定

※お使いの環境によっては、「主」が「目盛」と表示される場合があります。

Let's Try データ系列の間隔の調整

「利用者数」のデータ系列の間隔を「50%」に調整しましょう。

①「利用者数」のデータ系列を右クリックします。

②《データ系列の書式設定》をクリックします。

《データ系列の書式設定》作業ウィンドウが表示されます。

③《系列のオプション》の ▮▮ （系列のオプション）をクリックします。

④《系列のオプション》の詳細が表示されていることを確認します。

※詳細が表示されていない場合は、《系列のオプション》をクリックします。

⑤《要素の間隔》を「50%」に設定します。

データ系列の間隔が調整されます。

⑥《データ系列の書式設定》作業ウィンドウの × （閉じる）をクリックします。

※グラフ以外の場所をクリックしておきましょう。

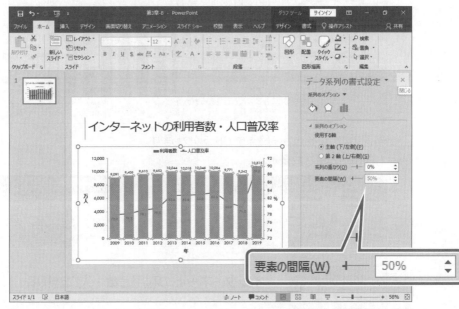

Let's Try　右矢印の挿入と書式設定

右矢印を挿入し、図形内に「10年で高い普及率に」の文字を入力しましょう。また、右矢印に次の書式を設定しましょう。

塗りつぶしの色	：濃い赤
透明度	：50%
枠線	：なし

①《挿入》タブを選択します。

②《図》グループの 図形 （図形）をクリックします。

③ **2019**

　《ブロック矢印》の ➡ （矢印：右）をクリックします。

　2016

　《ブロック矢印》の ➡ （右矢印）をクリックします。

※お使いの環境によっては、「右矢印」が「矢印：右」と表示される場合があります。

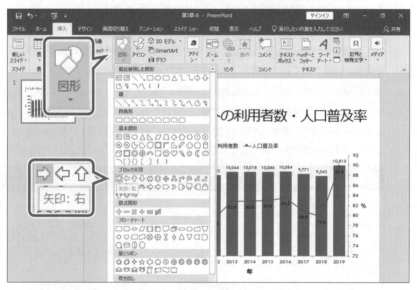

④図のように始点から終点までドラッグします。

右矢印が作成されます。

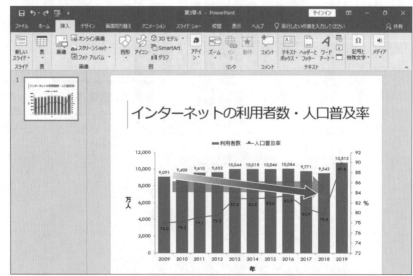

⑤右矢印が選択されていることを確認します。

⑥「10年で高い普及率に」と入力します。

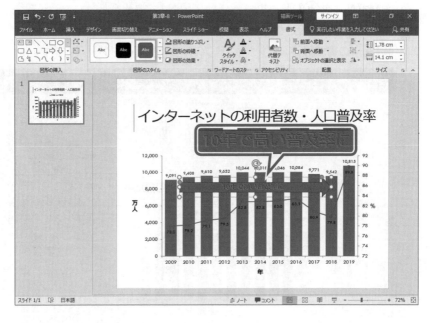

⑦右矢印を右クリックします。

⑧《図形の書式設定》をクリックします。

※グラフを選択して図形を作成した場合は、《オブジェクトの書式設定》をクリックします。また文字列が
　左揃えで表示されます。

《図形の書式設定》作業ウィンドウが表示されます。

⑨《図形のオプション》の🖌 (塗りつぶしと線) をクリックします。

⑩《塗りつぶし》の詳細を表示します。

※詳細が表示されていない場合は、《塗りつぶし》をクリックします。

⑪《塗りつぶし (単色)》を⦿にします。

⑫《色》の 🎨▾ (塗りつぶしの色) をクリックし、一覧から《標準の色》の《濃い赤》を選択
　します。

⑬《透明度》を「50%」に設定します。

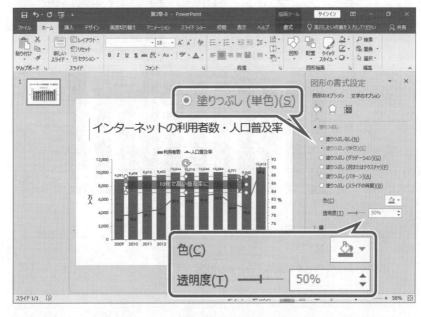

第1章

第2章

第3章

第4章

第5章

模擬試験

付録1

付録2

索引

⑭《線》の詳細を表示します。

※詳細が表示されていない場合は、《線》をクリックします。

⑮《線なし》を⦿にします。

右矢印の書式が設定されます。

⑯《図形の書式設定》作業ウィンドウの ☒ （閉じる）をクリックします。

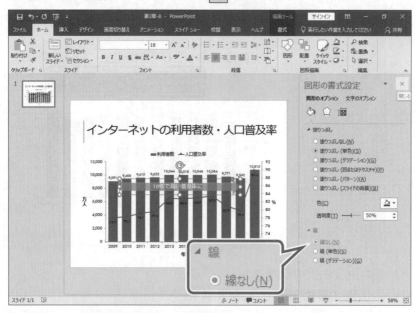

Let's Try　右矢印の回転と移動

右矢印を回転して位置を調整しましょう。

①右矢印を選択します。

② ↻ （ハンドル）をドラッグして、回転します。

③右矢印をドラッグして、位置を調整します。

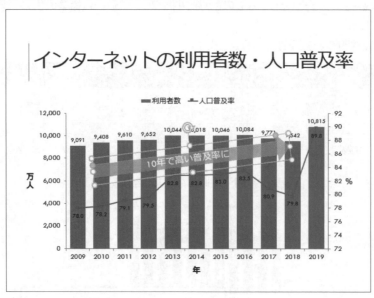

※ファイルを保存せずに閉じておきましょう。

スライドの作り方の工夫

個々の中身ができ上がったスライドは、まとめてヘッダーやフッターを挿入すると、扱いやすく管理しやすいプレゼンテーションになります。
また、PowerPointで作成したほかのプレゼンテーションのスライドを挿入したり、Excelのブックで作成した表やグラフを挿入したりして、効率的にプレゼンテーションを作成することもできます。

1 ヘッダーとフッター

すべてのスライドに共通の文字を挿入するには、「ヘッダーとフッター」を使います。
ヘッダーとフッターを使うと、スライド番号や日付、フッターなどの要素を設定できます。
図3.58は、すべてのスライドにプレゼンのタイトル「インターネット広告のご紹介」とスライド番号、ロゴを入れた例です。

■図3.58　ヘッダーとフッターの例

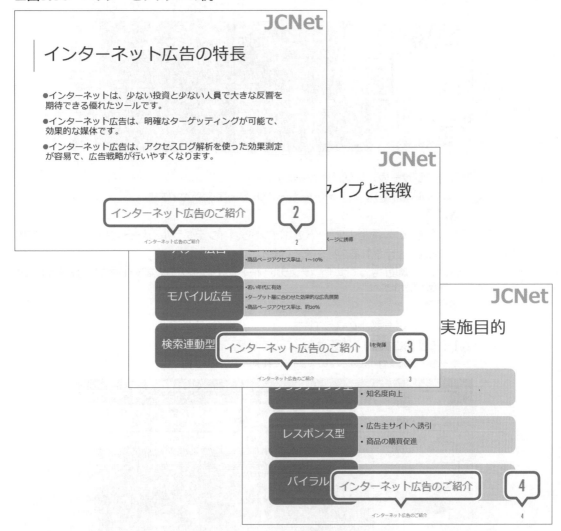

2　スライドマスターを設定する

適用しているテーマによって、スライド番号や日付、フッターの位置や書式は決まっています。位置や書式を変更したいとき、会社や商品のロゴを挿入してオリジナルのスライドにしたいときには、「スライドマスター」を使って、元になるスライドのデザインやレイアウトを設定しなおします。

 Let's Try スライドマスターの表示

スライドマスターを表示しましょう。

OPEN フォルダー「第3章」のファイル「第3章-9」を開いておきましょう。

①《表示》タブを選択します。
②《マスター表示》グループの （スライドマスター表示）をクリックします。

スライドマスター表示に切り替わります。
※サムネイル（縮小版）には、スライドの各レイアウトが一覧で表示されます。

③ **2019**

サムネイルの一番上のスライドをポイントし、「インテグラル　ノート：スライド1-9で使用される」と表示されることを確認します。
※お使いの環境によっては、「インテグラル　ノート」が「インテグラル　スライドマスター」と表示される場合があります。

2016

サムネイルの一番上のスライドをポイントし、「インテグラル　スライドマスター：スライド1-9で使用される」と表示されることを確認します。
※一番上のスライドは、すべてのスライドに共通のデザインです。

④上から2番目のスライドをポイントし、「タイトルスライド レイアウト：スライド1で使用される」と表示されることを確認します。

⑤上から3番目のスライドをポイントし、「タイトルとコンテンツ レイアウト：スライド2-9で使用される」と表示されることを確認します。

Let's Try ## スライド番号の書式設定

スライド番号のフォントサイズを「18ポイント」に設定しましょう。

① 2019

サムネイルの一覧から《インテグラル ノート：スライド1-9で使用される》を選択します。

※お使いの環境によっては、「インテグラル ノート」が「インテグラル スライドマスター」と表示される場合があります。

2016

サムネイルの一覧から《インテグラル スライドマスター：スライド1-9で使用される》を選択します。

②「〈#〉」のプレースホルダーを選択します。

※「#」はスライド番号を表します。

③《ホーム》タブを選択します。

④《フォント》グループの [10 ▼] （フォントサイズ）の ▼ をクリックし、一覧から《18》を選択します。

スライド番号のフォントサイズが変更されます。

第1章
第2章
第3章
第4章
第5章
模擬試験
付録1
付録2
索引

Let's Try　フッターのサイズと位置の調整

フッターのプレースホルダーのサイズと位置を調整しましょう。

① **2019**

サムネイルの一覧から《インテグラル　ノート：スライド1-9で使用される》が選択されて
いることを確認します。

※お使いの環境によっては、「インテグラル　ノート」が「インテグラル　スライドマスター」と表示される
場合があります。

2016

サムネイルの一覧から《インテグラル　スライドマスター：スライド1-9で使用される》が
選択されていることを確認します。

②図のように、フッターのプレースホルダーの位置とサイズを調整します。

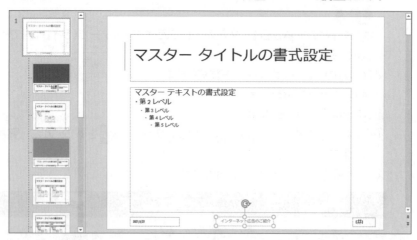

Let's Try　画像の挿入

フォルダー「第3章」の画像「ロゴ」をすべてのスライドに挿入しましょう。

① **2019**

サムネイルの一覧から《インテグラル　ノート：スライド1-9で使用される》が選択されて
いることを確認します。

※お使いの環境によっては、「インテグラル　ノート」が「インテグラル　スライドマスター」と表示される
場合があります。

2016

サムネイルの一覧から《インテグラル　スライドマスター：スライド1-9で使用される》が
選択されていることを確認します。

②《挿入》タブを選択します。

③《画像》グループの　　（図）をクリックします。

※お使いの環境によっては、「図」が「画像を挿入します」と表示される場合があります。「画像を挿入し
ます」と表示された場合は、《このデバイス》をクリックします。

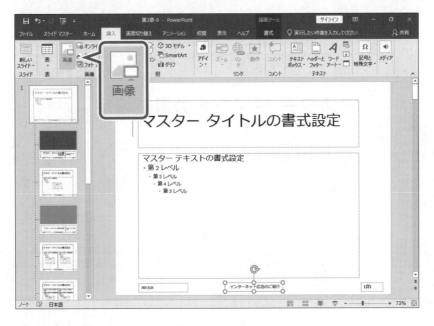

《図の挿入》ダイアログボックスが表示されます。

④《ドキュメント》をクリックします。

⑤「日商PC プレゼン2級 PowerPoint2019／2016」をダブルクリックします。

⑥「第3章」をダブルクリックします。

⑦一覧から「ロゴ」を選択します。

⑧《挿入》をクリックします。

第1章

第2章

第3章

第4章

第5章

模擬試験

付録1

付録2

索引

背景に画像が挿入されます。

⑨図のように、画像の位置とサイズを調整します。

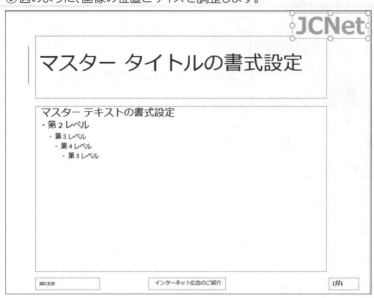

⑩サムネイルの一覧から《タイトルスライド レイアウト：スライド1で使用される》を選択します。

⑪長方形を選択し、上側の〇（ハンドル）をドラッグして、図のようにサイズを変更します。

⑫《スライドマスター》タブを選択します。

⑬《背景》グループの《背景を非表示》を□にします。

背景に挿入された画像が表示されます。

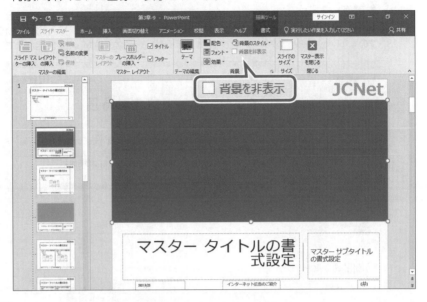

操作のポイント

縦横比を固定した画像のサイズ変更

画像の高さと幅の比率を崩さずにサイズを変更する方法は、次のとおりです。

◆ 画像を右クリック→《図の書式設定》→ 📐 （サイズとプロパティ）→《サイズ》→《☑縦横比を固定する》→画像の《高さ》や《幅》を設定

Let's Try スライドマスターを閉じる

スライドマスターを閉じて、デザインの変更が反映されていることを確認しましょう。

①《スライドマスター》タブを選択します。

②《閉じる》グループの 🗙 （マスター表示を閉じる）をクリックします。

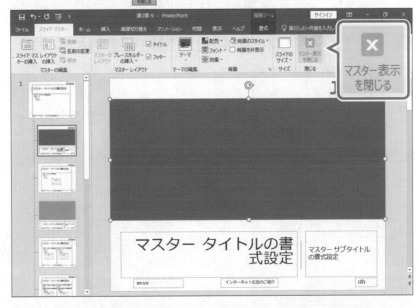

第1章
第2章
第3章
第4章
第5章
模擬試験
付録1
付録2
索引

標準表示モードに戻ります。

③タイトルスライド以外のスライドで、スライド番号のフォントサイズが変更されていること、フッターの位置が調整されていること、すべてのスライドに画像が挿入されていることを確認します。

※タイトルスライドにスライド番号やフッターが表示されていないのは、《挿入》タブ→《テキスト》グループの (ヘッダーとフッター)→《タイトルスライドに表示しない》が ☑ に設定されているためです。

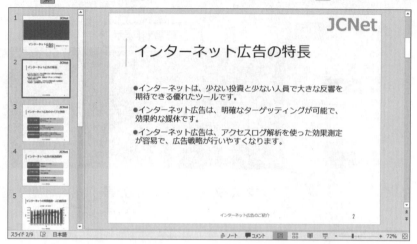

※ファイルを保存せずに閉じておきましょう。

3 ほかのプレゼンテーションのデータを利用する

PowerPointで作成したほかのプレゼンテーションのスライドを、作成中のプレゼンテーションに挿入することができます。スライドを挿入するとき、挿入先のテーマに変更するか以前のテーマのままで使うかを選択できます。

Let's Try スライドの再利用

スライド9の後ろに、フォルダー「第3章」のファイル「補助資料」のスライド2とスライド3を挿入しましょう。ここでは、挿入先のテーマに合わせてスライドを挿入します。

 フォルダー「第3章」のファイル「第3章-10」を開いておきましょう。

①スライド9を選択します。

②《ホーム》タブを選択します。

③《スライド》グループの (新しいスライド)の をクリックします。

④《スライドの再利用》をクリックします。

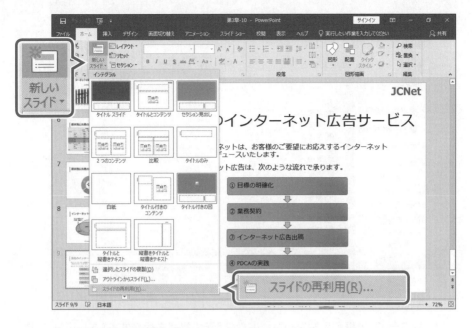

《スライドの再利用》作業ウィンドウが表示されます。

⑤ 2019

《参照》をクリックします。

2016

《参照》をクリックし、一覧から《ファイルの参照》を選択します。

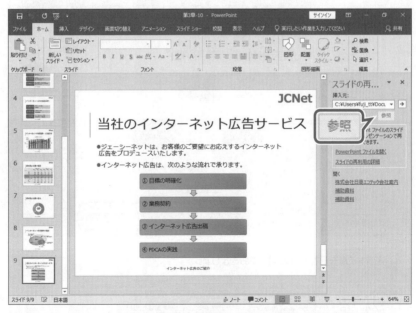

《参照》ダイアログボックスが表示されます。

⑥《ドキュメント》をクリックします。

⑦「日商PC プレゼン2級 PowerPoint2019／2016」をダブルクリックします。

⑧「第3章」をダブルクリックします。

⑨一覧から「補助資料」を選択します。

第1章

第2章

第3章

第4章

第5章

模擬試験

付録1

付録2

索引

⑩《開く》をクリックします。

⑪《スライドの再利用》作業ウィンドウの《元の書式を保持する》を □ にします。

⑫《スライド》の一覧から「SNSの活用」を選択します。

⑬《スライド》の一覧から「広告出稿後の効果測定」を選択します。

ファイル「補助資料」のスライド2とスライド3が、スライド9の後ろに挿入されます。

⑭《スライドの再利用》作業ウィンドウの ｜×｜ （閉じる）をクリックします。

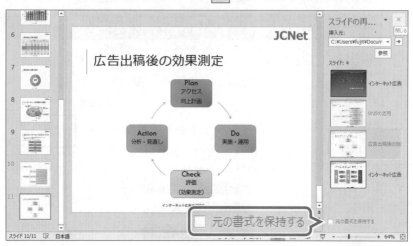

※ファイルを保存せずに閉じておきましょう。

 操作のポイント

スライドの書式の保持

スライドの元のテーマを変えたくないときは、《スライドの再利用》作業ウィンドウの《元の書式を保持する》を ☑ にして挿入します。

4 Excelの表やグラフを貼り付ける

Excelで作成した表やグラフは、PowerPointに貼り付けて利用することができます。貼り付ける方法には、Excelのデータとして貼り付ける方法やPowerPointのデータとして貼り付ける方法があります。Excelのデータとして貼り付けると、ダブルクリックでExcelのワークシートが表示され、リボンもExcelのボタンに切り替わります。Excelを編集するような感覚で、表やグラフを修正できます。

Let's Try **Excelの表として貼り付ける**

Excelのファイル「**媒体別広告費**」の表を、Excelの表として貼り付けましょう。

 OPEN **フォルダー「第3章」のファイル「第3章-11」を開いておきましょう。**

①フォルダー「**第3章**」のExcelのファイル「**媒体別広告費**」を開きます。
②セル範囲【A2:H15】を選択します。
③《**ホーム**》タブを選択します。
④《**クリップボード**》グループの  (コピー)をクリックします。

⑤PowerPointに切り替えます。
⑥スライド1を選択します。
⑦《**ホーム**》タブを選択します。
⑧《**クリップボード**》グループの (貼り付け)の をクリックします。
⑨ (埋め込み)をクリックします。
表が貼り付けられます。

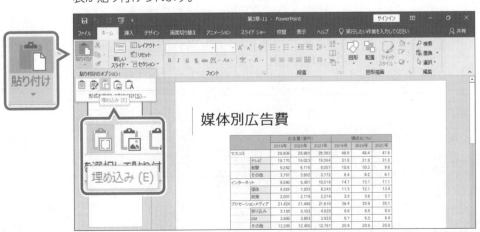

Let's Try PowerPointの表として貼り付ける

Excelのファイル「**媒体別広告費**」の表を元の書式を保持したまま、PowerPointの表として貼り付けましょう。

①Excelに切り替えます。

②セル範囲【A2：H15】を選択します。

③《ホーム》タブを選択します。

④《クリップボード》グループの 🗐 (コピー) をクリックします。

⑤PowerPointに切り替えます。

⑥スライド2を選択します。

⑦《ホーム》タブを選択します。

⑧《クリップボード》グループの 📋 (貼り付け) の 貼り付け をクリックします。

⑨ 📋 (元の書式を保持) をクリックします。

元の書式を保持したまま、PowerPointの表として貼り付けられます。

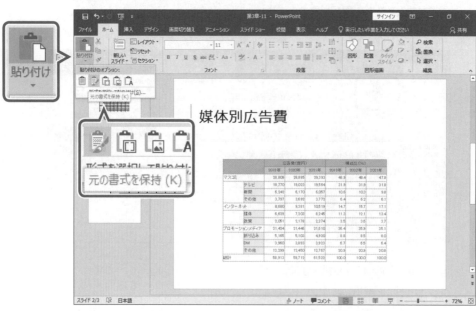

 **操作のポイント**

Excelの表の貼り付け

Excelの表を貼り付けるには、次のような方法があります。

 貼り付け

❶ ❷ ❸ ❹ ❺

❶ 　（貼り付け先のスタイルを使用）
PowerPointのデータとして貼り付けられます。
貼り付け先のPowerPointの書式が適用されます。

❷ 　（元の書式を保持）
PowerPointのデータとして貼り付けられます。
コピー元のExcelの書式が保持されます。

❸ 　（埋め込み）
Excelのデータとして貼り付けられます。
貼り付け後に表をダブルクリックすると、Excelのワークシートが表示され、Excelを編集する
ような感覚でデータを修正できます。

❹ 　（図）
画像として貼り付けられます。
表を編集することはできなくなります。

❺ 　（テキストのみ保持）
Excelの表から文字だけが貼り付けられます。
罫線や文字の書式はコピーされません。

第1章

第2章

第3章

第4章

第5章

模擬試験

付録1

付録2

索引

Let's Try Excelのグラフをリンク貼り付けする

Excelのファイル**「媒体別広告費」**のグラフを、PowerPointスライドにリンク貼り付けしましょう。

①Excelに切り替えます。

②グラフを選択します。

③《ホーム》タブを選択します。

④《クリップボード》グループの (コピー) をクリックします。

⑤PowerPointに切り替えます。

⑥スライド3を選択します。

⑦《ホーム》タブを選択します。

⑧《クリップボード》グループの (貼り付け) の 貼り付け をクリックします。

⑨ (元の書式を保持しデータをリンク) をクリックします。

グラフがリンク貼り付けされます。

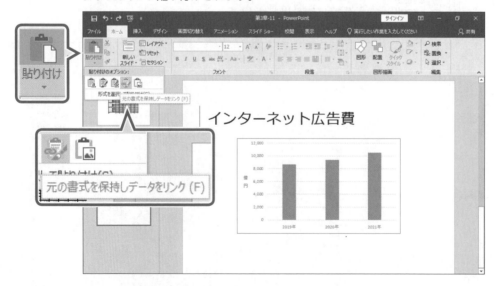

※ファイルを保存せずに閉じておきましょう。

操作のポイント

Excelのグラフの貼り付け
Excelのグラフを貼り付けるには、次のような方法があります。

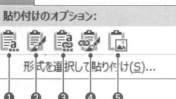

❶ ❷ ❸ ❹ ❺

❶ （貼り付け先のテーマを使用しブックを埋め込む）
PowerPointのデータとして貼り付けられます。
貼り付け先のPowerPointの書式が適用されます。

❷ （元の書式を保持しブックを埋め込む）
PowerPointのデータとして貼り付けられます。
コピー元のExcelの書式が保持されます。

❸ （貼り付け先テーマを使用しデータをリンク）
Excelのデータとリンクを維持した状態で貼り付けられます。
元のExcelのデータを変更すると、PowerPointにもその変更が反映されます。
貼り付け先のPowerPointの書式が適用されます。

❹ （元の書式を保持しデータをリンク）
Excelのデータとリンクを維持した状態で貼り付けられます。
元のExcelのデータを変更すると、PowerPointにもその変更が反映されます。
コピー元のExcelの書式が保持されます。

❺ （図）
画像として貼り付けられます。
グラフを編集することはできなくなります。

第1章

第2章

第3章

第4章

第5章

模擬試験

付録1

付録2

索引

第
3
章

プレゼン資料の作成

知識科目

■ **問題 1** スライドに使用するフォントとして、最も適切なものを次の中から選びなさい。

1 MSPゴシック

2 MS明朝

3 HG正楷書体

■ **問題 2** 図解に次の4色「A」、「B」、「C」、「D」を使って色付けします。この中の1色をアクセントカラーにしたいときに選択する色として、適切なものを次の中から選びなさい。

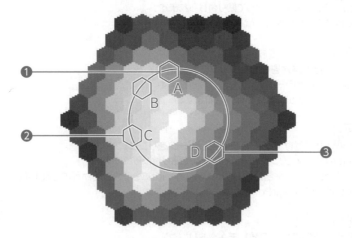

1 カラーパレットの❶の色を使う。

2 カラーパレットの❷の色を使う。

3 カラーパレットの❸の色を使う。

■ **問題 3** HSLカラーモデルについて述べた文として、不適切なものを次の中から選びなさい。

1 HSLカラーモデルのHは赤、Sは緑、Lは青を指している。

2 「鮮やかさ」とは彩度のことである。

3 「色合い」は、全部で256段階の表現が可能である。

■ **問題 4** SmartArtについて述べた文として、適切なものを次の中から選びなさい。

1 2種類のSmartArtを重ねて使うことはできない。

2 SmartArtを使えば、どんな図解でも作成できる。

3 フレームワークとして使えるSmartArtがいくつか用意されている。

第1章

第2章

第3章

第4章

第5章

模擬試験

付録1

付録2

索引

■ **問題 5**　無彩色の使い方について述べた文として、適切なものを次の中から選びなさい。

1　無彩色は、カラーで作るスライドには原則として使わないほうがよい。

2　目立つ必要がない図形に無彩色を使って、相対的にカラーの部分を目立たせることができる。

3　カラーで作るスライドの目立たせたい箇所に濃いグレーを使うのは効果的である。

■ **問題 6**　マトリックス図について述べた文として、適切なものを次の中から選びなさい。

1　マトリックス図は、縦軸・横軸をそれぞれ2分割して作った4つのマス目に、キーワードなどを配置して作る。

2　マトリックス図は、縦軸・横軸に変数を設定して作った4つのマス目の任意の位置に要素を配置して作る。

3　配置する要素の微妙な位置関係を示したいときは、マトリックス図が適している。

あなたは、日商ビジネスコンサルティング株式会社の営業を担当しています。

このたび、芝ソリューションサービス株式会社向けに組織活性化をテーマにした研修提案用のプレゼン資料を作成することになりました。

プレゼン資料を見直したところ、修正すべき箇所が生じました。下記の[修正内容]に従ってプレゼン資料を修正するために、「ドキュメント」のフォルダー「日商PC プレゼン2級 PowerPoint2019／2016」にあるフォルダー「第3章」のファイル「組織活性化研修のご提案 第3章」を開き、修正を加えてください。

[修正内容]

1 スライド4に関わる修正

❶SmartArtに色「塗りつぶし-アクセント3」、スタイル「グラデーション」を設定すること。

2 スライド5に関わる修正

❶表のスタイルを「中間スタイル1-アクセント3」に変更すること。

3 スライド6に関わる修正

❶箇条書きの内容を、SmartArtの「基本の循環」に変更すること。

❷SmartArtに色「カラフル-アクセント2から3」、スタイル「グラデーション」を設定すること。

❸SmartArtのフォントサイズを「18ポイント」に設定すること。

❹SmartArtの「関係の質」の図形の右側に「円形吹き出し」を配置し、先端部分が「関係の質」の図形を指すようにすること。また、吹き出しの中に「組織の好循環には「関係の質」が最も大事であり、ここに注力した研修を行います。」と入力すること。

❺「ドキュメント」のフォルダー「日商PC プレゼン2級 PowerPoint2019／2016」にあるフォルダー「第3章」の画像「研修」を挿入し、スライドの右下に縮小して配置すること。

4 スライド7に関わる修正

❶「ギャップアプローチ」の図形の色を青、「ポジティブアプローチ」の図形の色をオレンジに設定すること。図形のスタイルの「グラデーション」の行を使い、トーンやデザインを合わせること。

❷左側の図解、中央の矢印、および右側の図解を、「上下中央揃え」と「左右に整列」でそろえること。

❸左側の図解の下側にテキストボックスを挿入し、「問題を特定し、外側から必要なものを持ってきてあるべき状態にする。」と入力すること。

❹右側の図解の下側にテキストボックスを挿入し、「強みを生かしてありたい状態に内側から外側に向けて進めていく。」と入力すること。

5 スライド8に関わる修正

❶箇条書きの内容をSmartArtの「包含型ベン図」を使って簡潔に表現し、スライドの左側に配置すること。

❷SmartArtに色「グラデーション-アクセント3」、スタイル「白枠」を設定すること。

6 スライド9に関わる修正

❶SmartArtに色「グラデーション-アクセント3」、スタイル「白枠」を設定すること。

❷上向き矢印の上端から下端に向けて徐々に薄くなるオレンジのグラデーションを設定すること。上端は透明度「0%」のオレンジ、下端は透明度「80%」のオレンジにすること。

7 スライド10に関わる修正

❶SmartArtの2階層目から3階層目に分岐する図形を「右に分岐」に変更すること。

8 スライド11からスライド12に関わる修正

❶スライドを2つに分割し、スライド11にはレーダーチャートとその説明文、スライド12にはマトリックス図とその説明文を配置すること。

❷スライド11のタイトルは「満足度・関心度のチェック」とすること。テキストボックスのフォントサイズは「18ポイント」に設定すること。

❸スライド12のタイトルは「満足度・関心度のポートフォリオ」とすること。テキストボックスのフォントサイズは「18ポイント」に設定すること。

第5章

9 スライド13に関わる操作

❶スライド12の後ろにスライドを1枚追加すること。スライドのレイアウトは「タイトルのみ」にすること。

❷タイトルは「研修の評価」とすること。

❸「ドキュメント」のフォルダー「日商PC プレゼン2級 PowerPoint2019／2016」にあるフォルダー「第3章」のファイル「研修の評価」のグラフを、貼り付け先のテーマを使用して埋め込むこと。

❹グラフエリアのフォントサイズを「14ポイント」に設定すること。

❺グラフ上の中央に図形「星：12pt」または「星12」を重ねて配置し、図形内に「「満足」と「ほぼ満足」を合わせた平均が90%」と入力すること。図形の色を「赤」、透明度を「50%」、図形の枠線をなし、図形内のフォントサイズを「14ポイント」に設定すること。

10 全スライドに関わる設定

❶修正したファイルは、「ドキュメント」のフォルダー「日商PC プレゼン2級 PowerPoint 2019／2016」にあるフォルダー「第3章」に「組織活性化研修のご提案 第3章（完成）」のファイル名で保存すること。

●スライド1

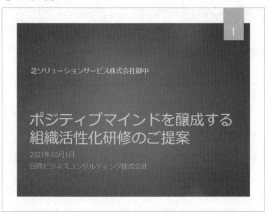

●スライド2

●スライド3

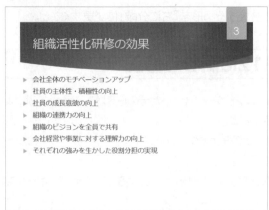

●スライド4

●スライド5

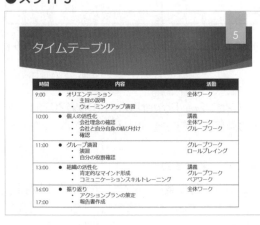

●スライド6

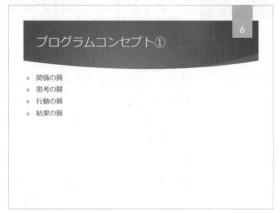

●スライド7

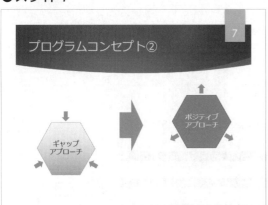

●スライド8

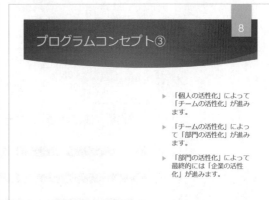

●スライド9

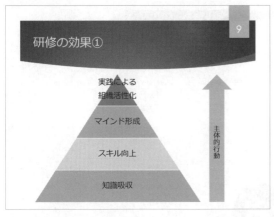

●スライド10

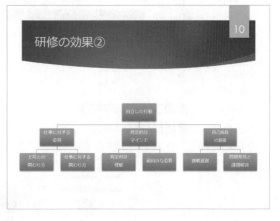

●スライド11

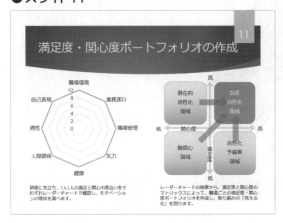

第1章

第2章

第3章

第4章

第5章

模擬試験

付録1

付録2

索引

ファイル「研修の評価」の内容

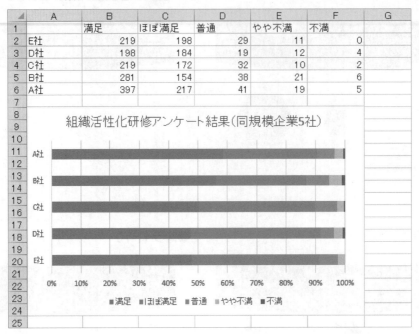

	満足	ほぼ満足	普通	やや不満	不満
E社	219	198	29	11	0
D社	198	184	19	12	4
C社	219	172	32	10	2
B社	281	154	38	21	6
A社	397	217	41	19	5

組織活性化研修アンケート結果（同規模企業5社）

画像ファイルの内容

●研修

第4章
興味を引き付ける
プレゼン資料

アニメーションの設定

スライド上に配置されている箇条書きやSmartArt、図形、グラフ、画像などのオブジェクトに動きを付けるのがアニメーションです。スライドに動きが加わるので、活気のあるプレゼンを演出できます。

1 箇条書きにアニメーションを設定する

箇条書きにアニメーションを設定することで、箇条書きを全部一度に見せてしまわずに、説明の流れに合わせて1項目ずつ表示させることができます。各項目に聞き手の気持ちを集中させる効果が生まれます。
また、アニメーションの開始のタイミングや継続時間などの細かい設定をすることもできます。

Let's Try 箇条書きへのアニメーションの設定

箇条書きにアニメーションを設定して、1項目ずつ表示しましょう。ここでは、「開始」の「スライドイン」を設定します。

OPEN フォルダー「第4章」のファイル「第4章-1」を開いておきましょう。

①箇条書きのプレースホルダーを選択します。
②《アニメーション》タブを選択します。
③《アニメーション》グループの ▼ (その他) をクリックします。
※お使いの環境によっては、「その他」が「アニメーションスタイル」と表示される場合があります。
④《開始》の《スライドイン》をクリックします。

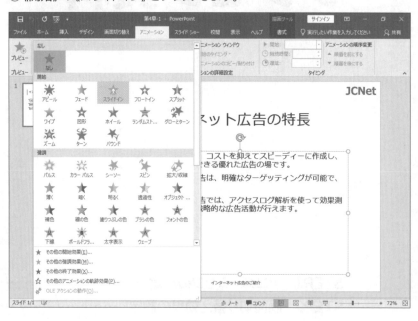

アニメーションが設定されます。

⑤箇条書きの各項目に「1」「2」「3」のアニメーション番号が表示されていることを確認します。

※アニメーション番号は、アニメーションが再生される順番を表します。

⑥サムネイルに ★ が表示されていることを確認します。

※スライドショーを実行し、アニメーションがどのように再生されるかを確認しておきましょう。

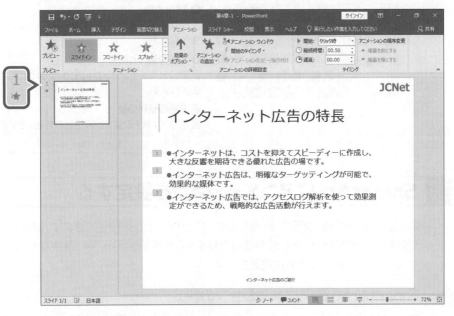

※ファイルを保存せずに閉じておきましょう。

💡 操作のポイント

アニメーション設定時の注意

アニメーションはプレゼンの演出に役立ちますが、プレゼンの内容に合わないアニメーションを多数設定したり派手過ぎる効果を設定したりすると、聞き手が内容に集中できなくなることがあります。じっくり説明したい箇所だけ重点的に設定するなどの工夫をすることで効果が上がります。

アニメーションの詳細設定

アニメーションを設定したあと、箇条書きが右から現れるように方向を変更したり、箇条書きがすべて同時に現れるように設定を変更したりするなど、詳細に設定できます。
アニメーションの詳細を設定する方法は、次のとおりです。

◆箇条書きのプレースホルダーを選択→《アニメーション》タブ→《アニメーション》グループの
　![効果のオプション] （効果のオプション）

自然な動きのアニメーション

アニメーションを設定するとき、不自然な動きにならないように注意します。
たとえば、箇条書きでは、左から右（例：《スライドイン》の《左から》）や上から下（例：《スライドイン》の《上から》）に設定すると、自然な動きになります。

第1章
第2章
第3章
第4章
第5章
模擬試験
付録1
付録2
索引

操作のポイント

アニメーションの開始のタイミング

初期の設定では、アニメーションはクリックすると再生されますが、他のアニメーションの動きに合わせて自動的に再生させることもできます。

アニメーションを再生するタイミングは、《アニメーション》タブ→《タイミング》グループの《開始》の クリック時 ▼ (アニメーションのタイミング) で設定します。

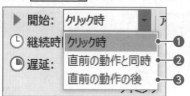

❶クリック時
スライドショーを実行中、マウスをクリックすると再生されます。

❷直前の動作と同時
直前のアニメーションが再生されるのと同時に再生されます。

❸直前の動作の後
直前のアニメーションが再生された後、すぐに再生されます。

---

2 SmartArtにアニメーションを設定する

SmartArtや図形、グラフ、画像などに、アニメーションを設定できます。聞き手の理解を助けたり、説明のポイントに注目させたりすることができます。特に重要なものに対してアニメーションを設定するのが効果的です。

Let's Try ### SmartArtへのアニメーションの設定

SmartArtにアニメーションを設定しましょう。ここでは、「開始」の「ワイプ」を設定し、上から表示されるようにします。

 OPEN フォルダー「第4章」のファイル「第4章-2」を開いておきましょう。

①SmartArtを選択します。

②《アニメーション》タブを選択します。

③《アニメーション》グループの ▼ (その他) をクリックします。

※お使いの環境によっては、「その他」が「アニメーションスタイル」と表示される場合があります。

④《開始》の《ワイプ》をクリックします。

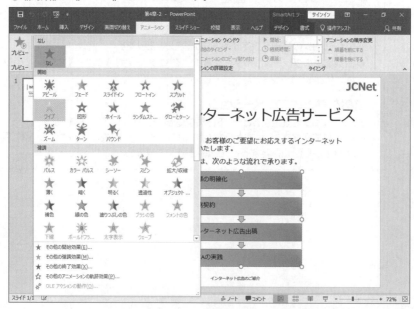

⑤《アニメーション》グループの 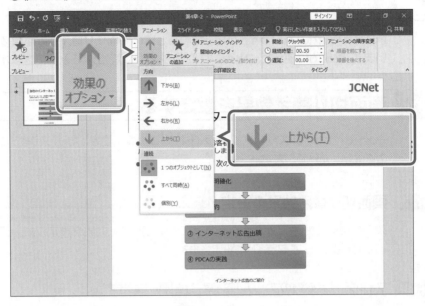（効果のオプション）をクリックします。
⑥《上から》をクリックします。

⑦《アニメーション》グループの 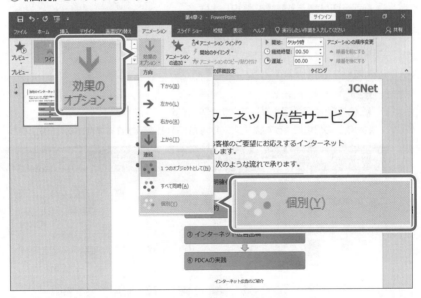（効果のオプション）をクリックします。
⑧《個別》をクリックします。

アニメーションが設定されます。

※スライドショーを実行し、アニメーションがどのように再生されるかを確認しておきましょう。
※ファイルを保存せずに閉じておきましょう。

💡 **操作のポイント**

アニメーションの解除

設定したアニメーションを解除する方法は、次のとおりです。

◆オブジェクトを選択→《アニメーション》タブ→《アニメーション》グループの ▼（その他）→
《なし》の《なし》
◆アニメーション番号を選択→ Delete

STEP 2 画面切り替え効果の設定

PowerPointには、スライドが切り替わるときの画面切り替え効果が数多く用意されています。効果的に使うと、プレゼンに変化やメリハリを出すことができます。

1 画面切り替え効果を設定する

画面切り替え効果は、すべてのスライドに同じものを設定したり、スライドごとに異なるものを設定したりできます。

Let's Try 画面切り替え効果の設定

スライドが右から左に入れ替わるように、画面切り替え効果を設定しましょう。タイトルスライド以外のすべてのスライドに設定します。

フォルダー「第4章」のファイル「第4章-3」を開いておきましょう。

①スライド2を選択します。

②[Shift]を押しながら、スライド9を選択します。

③《画面切り替え》タブを選択します。

④《画面切り替え》グループの ▼ (その他) をクリックします。

⑤ 2019

　《弱》の《ワイプ》をクリックします。

　2016

　《シンプル》の《ワイプ》をクリックします。

　※お使いの環境によっては、「シンプル」が「弱」と表示される場合があります。

スライド2からスライド9に画面切り替え効果が設定されます。

⑥画面切り替え効果を設定したスライドは、サムネイルに ★ が表示されることを確認します。

※スライドショーを実行し、画面がどのように切り替わるかを確認しておきましょう。

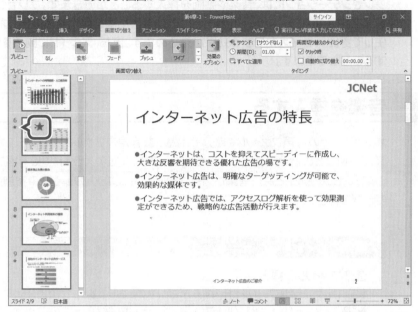

※ファイルを保存せずに閉じておきましょう。

 操作のポイント

画面切り替え効果の種類

プレゼンテーションに設定する画面切り替え効果は1種類か2種類にとどめ、種類をあまり増やさないようにします。種類が多いと切り替えに気をとられ、内容に集中できなくなります。

画面切り替え効果の適用

すべてのスライドに同じ画面切り替え効果を適用するには、 ［すべてに適用］ （すべてに適用）を使います。

第1章
第2章
第3章
第4章
第5章
模擬試験
付録1
付録2
索引

音楽や動画の挿入

プレゼンテーションには、音楽や動画を挿入することができます。プレゼンテーションに音楽を挿入すれば、スライドショーのとき効果音による臨場感を演出したり、音楽を再生して雰囲気を変えたりする効果が見込めます。また、スライドに動画を挿入して再生することもできます。

1 音楽を挿入する

オンライン上の音声ファイルや自分で用意した音声ファイルをスライドに挿入して、効果音、BGMなどの音楽を再生することができます。表紙のスライド上に音声ファイルを挿入してプレゼンの開始と共に音楽が再生されるようにしたり、プレゼンの実施中にBGMとして音楽を再生したりすることができます。

 操作のポイント

音楽ファイルの挿入
事前に用意した音楽ファイルを挿入する方法は、次のとおりです。
◆《挿入》タブ→《メディア》グループの （オーディオの挿入）→《このコンピューター上のオーディオ》
※《メディア》グループが表示されていない場合は、 （メディア）をクリックします。

2 動画を挿入する

スライドに動画ファイルを挿入することができます。
図4.1は、ドローン撮影のメリットを紹介するプレゼンのスライドに動画を挿入した例です。動画を再生することで、静止画では得られない効果が期待できます。

■図4.1　動画を挿入したスライドの例

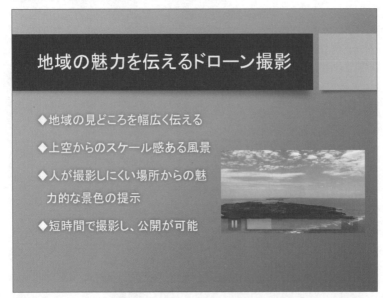

Let's Try 動画ファイルの挿入

フォルダー「第4章」の動画ファイル「離島」をスライドに挿入しましょう。
また、スライドショー実行時に動画が自動的に再生されるように設定しましょう。

 **フォルダー「第4章」のファイル「第4章-4」を開いておきましょう。**

①《挿入》タブを選択します。
②《メディア》グループの 📹 （ビデオの挿入）をクリックします。
※《メディア》グループが表示されていない場合は、 📹 （メディア）をクリックします。
③《このコンピューター上のビデオ》をクリックします。
※お使いの環境によっては、「このコンピューター上のビデオ」が「このデバイス」と表示される場合があります。

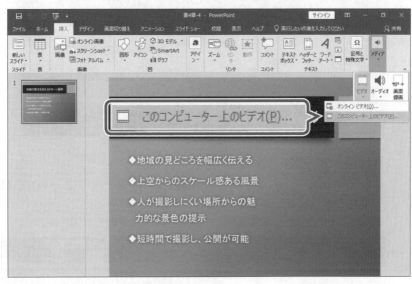

《ビデオの挿入》ダイアログボックスが表示されます。

④《ドキュメント》をクリックします。
⑤「日商PC プレゼン2級 PowerPoint2019／2016」をダブルクリックします。
⑥「第4章」をダブルクリックします。
⑦「離島」を選択します。
⑧《挿入》をクリックします。

動画ファイルが挿入され、動画の下側にムービーコントロールが表示されます。

⑨動画の○（ハンドル）をドラッグして、サイズを変更します。

⑩動画をドラッグして、移動します。

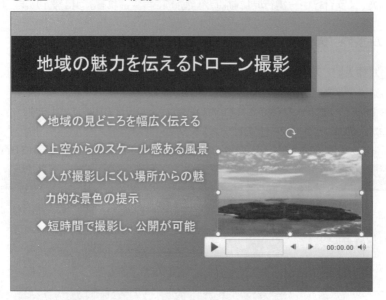

⑪《再生》タブを選択します。

⑫《ビデオのオプション》グループの《開始》の⌄をクリックし、一覧から《自動》を選択します。

※スライドショーを実行し、動画が自動的に再生されることを確認しておきましょう。

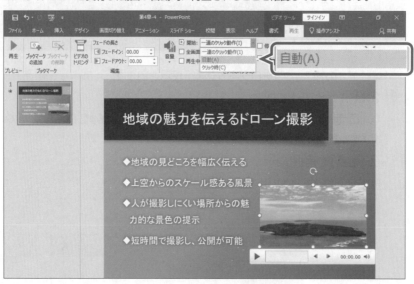

※ファイルを保存せずに閉じておきましょう。

操作のポイント

動画を再生するタイミング

スライドショー実行時に動画をクリックすると、再生が開始されるように設定する方法は、次のとおりです。

◆動画を選択→《再生》タブ→《ビデオのオプション》グループの《開始》の⌄→《クリック時》

確認問題

解答 ▶ 別冊P.11

第1章

第2章

第3章

第4章

第5章

模擬試験

付録1

付録2

索引

知識科目

■ **問題 1** アニメーションの設定について述べた文として、適切なものを次の中から選びなさい。

1 聞き手を引き付ける効果を考え、できるだけ派手なものを選ぶようにする。

2 まんべんなく設定するのではなく、丁寧に説明したい箇所に重点的に設定する。

3 文字に設定するアニメーションは、回転するなど動きを強調することを目的としたものを選んだほうがよい。

■ **問題 2** 図形やグラフ、画像に対するアニメーションの設定について述べた文として、適切なものを次の中から選びなさい。

1 SmartArtの図形要素に、アニメーションの設定ができる。

2 グラフの各グラフ要素には、アニメーションの設定はできない。

3 挿入した画像に対するアニメーションの設定は、開始の設定でだけ可能である。

■ **問題 3** 画面切り替え効果について述べた文として、適切なものを次の中から選びなさい。

1 常に1種類に限定するほうがよい。

2 1種類か2種類にとどめ、種類をあまり増やさないほうがよい。

3 画面の切り替えはすべて異なるように設定するほうがよい。

■ **問題 4** スライドに挿入する音楽について述べた文として、不適切なものを次の中から選びなさい。

1 音楽のファイルを取り込むことはできない。

2 音楽が挿入してあるスライドを表示したら音楽が再生できるように設定できる。

3 音楽のアイコンをクリックすると、音楽が流れるように設定できる。

■ **問題 5** スライドに挿入する動画について述べた文として、適切なものを次の中から選びなさい。

1 表紙スライドにのみ、動画ファイルを挿入することができる。

2 スライドに挿入した動画ファイルを、スライドショー実行時に自動的に再生されるように設定できる。

3 スライドに挿入した動画を再生中に、一時停止することはできない。

あなたは、日商ビジネスコンサルティング株式会社の営業を担当しています。

芝ソリューションサービス株式会社向けに組織活性化をテーマにした研修提案用のプレゼン資料を作成しましたが、上司からプレゼンテーションに動きを付けて、より興味を持って見てもらえるように工夫することをアドバイスされました。

「ドキュメント」のフォルダー「日商PC　プレゼン2級　PowerPoint2019／2016」にあるフォルダー「第4章」のファイル「組織活性化研修のご提案　第4章」を開き、下記の[方針]に従って完成させてください。

[方針]

1　スライド3に関わる設定

❶箇条書きが1行ずつ表示されるように、アニメーション「スライドイン」を設定すること。

2　スライド4に関わる設定

❶SmartArtの個別の図形要素が順番に現れるように、アニメーション「ズーム」を設定すること。

3　スライド6に関わる設定

❶SmartArtに設定されているアニメーションを削除すること。

4　スライド7に関わる設定

❶「左側の図解とその説明文」「中央の矢印」「右側の図解とその説明文」の順番で現れるように、アニメーション「フェード」を設定すること。

5　スライド9に関わる設定

❶SmartArtにアニメーション「ワイプ」を設定すること。

❷SmartArtの表示のあとに上向き矢印が自動的に現れるように、アニメーション「フロートイン」を設定すること。

6　全スライドに関わる設定

❶タイトルスライドに画面切り替え効果「スプリット」を設定すること。

❷スライド2以降のすべてのスライドに画面切り替え効果「アンカバー」を設定すること。

❸修正したファイルは、「ドキュメント」のフォルダー「日商PC　プレゼン2級　PowerPoint2019／2016」にあるフォルダー「第4章」に「組織活性化研修のご提案　第4章（完成）」のファイル名で保存すること。

ファイル「組織活性化研修のご提案　第4章」の内容

●スライド1

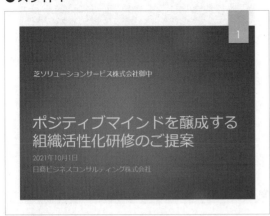

芝ソリューションサービス株式会社御中

ポジティブマインドを醸成する
組織活性化研修のご提案

2021年10月1日
日商ビジネスコンサルティング株式会社

●スライド2

ご提案の主旨

‣ 変化の時代を乗り切るためには、社員相互の協働と連携により、各自の課題と組織の課題を共有することが重要です。
‣ 必要な話し合いが行える信頼関係を築き、組織活性化の基盤を作ります。
‣ 今回ご提案する研修では、上記2項目を踏まえ全員が実際に抱えている問題をもとに、問題解決が進められるようにします。
‣ 本研修ではグループワークを実施し、気付きを引き出すことに注力します。
‣ グループワークを重ねることで、相互の信頼ときずなを形成することが研修のもうひとつの狙いです。
‣ 本研修は、貴社のモチベーションアップと組織の活性化につながるものと確信しています。

●スライド3

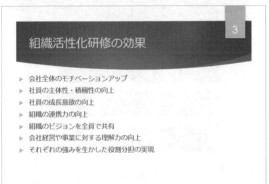

組織活性化研修の効果

‣ 会社全体のモチベーションアップ
‣ 社員の主体性・積極性の向上
‣ 社員の成長意欲の向上
‣ 組織の連携力の向上
‣ 組織のビジョンを全員で共有
‣ 会社経営や事業に対する理解力の向上
‣ それぞれの強みを生かした役割分担の実現

●スライド4

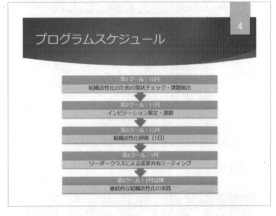

プログラムスケジュール

●スライド5

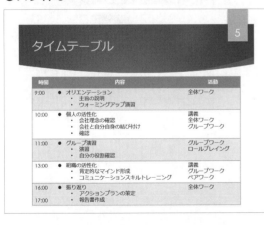

タイムテーブル

●スライド6

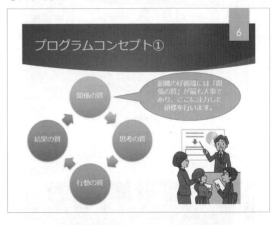

プログラムコンセプト①

第1章
第2章
第3章
第4章
第5章
模擬試験
付録1
付録2
索引

● スライド7

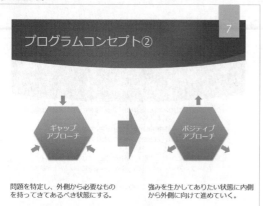

● スライド8

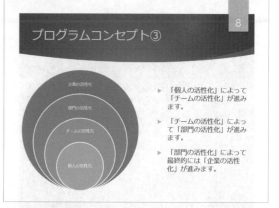

● スライド9

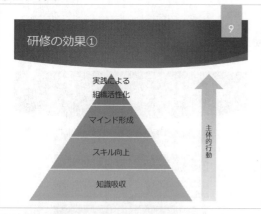

● スライド10

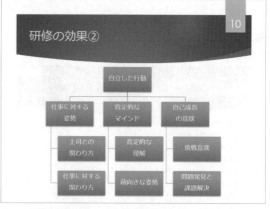

● スライド11

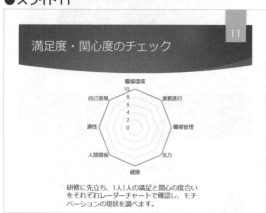

● スライド12

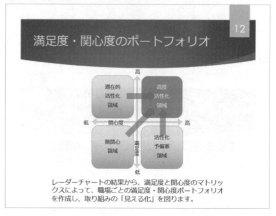

● スライド13

第5章
プレゼンの実施

STEP 1 リハーサル

プレゼン資料を作成し、プレゼンの準備ができたら、リハーサルを行います。

1 リハーサルを行う

リハーサルを行ってプレゼンに臨めば、本番の対応力を高めることができます。プレゼンに慣れている人でも、リハーサルをすることで自分の癖や留意すべき点をほかの人から指摘してもらえ、よりよいプレゼンが実施できます。
リハーサルでは、次のような点を確認します。

- プレゼンでのトーク内容
- プレゼン全体の時間配分
- 第三者からのチェック

❶ プレゼンでのトーク内容

プレゼン資料を表示しながら、どのような内容を説明するのかを、リハーサルで実際に話してみます。適切な説明でプレゼン資料を補っているか、重要なポイントを効果的に伝えられているかなどを確認し、トーク内容を調整します。
トーク内容は「ノート」に入力しておくと、プレゼン実施時の発表者用の資料として活用できます。また、どのような内容を説明するのかをほかの人とも共有できます。
リハーサルでは、作成したノートを読み上げるのではなく、自分の言葉として話せるように練習しておきます。また、話し言葉として違和感がないかどうかもチェックしましょう。わかりにくい用語や表現があったら、修正します。

Let's Try　ノートの入力と印刷

スライド1のトーク内容をノートに入力しましょう。

> 本日はインターネット広告代理店「ジェーシーネット」の業務を紹介する機会をいただき、ありがとうございます。
> 私は株式会社ジェーシーネットの営業担当、田中和泉と申します。
> ジェーシーネットは、インターネット広告専業の広告代理店です。
> インターネットにアクセスするお客様に効率よくリーチし、効果的に情報を伝えるために、ジェーシーネットがお手伝いいたします。

次に、ノートを印刷し、発表者用の資料として用意します。

フォルダー「第5章」のファイル「第5章-1」を開いておきましょう。

①スライド1を選択します。

②ステータスバーの ≡ ノート （ノート）をクリックします。

ノートペインが表示されます。

③スライドペインとノートペインの境界線をドラッグします。

ノートの領域が広がります。

④「ノートを入力」をクリックし、トーク内容を入力します。

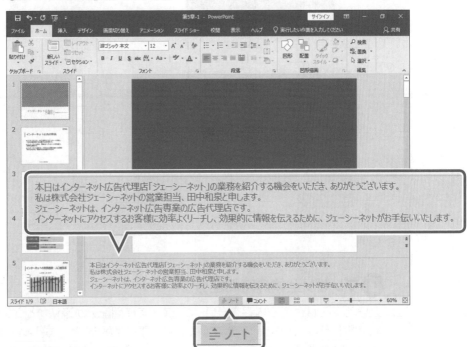

≡ ノート

⑤《ファイル》タブを選択します。

⑥《印刷》をクリックします。

⑦《設定》の《フルページサイズのスライド》をクリックします。

⑧《印刷レイアウト》の《ノート》をクリックします。

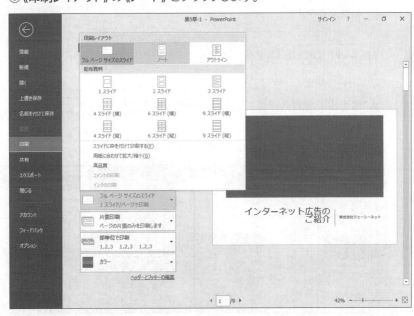

⑨《印刷》をクリックします。

ノートが印刷されます。

❷ プレゼン全体の時間配分

リハーサルでは、トーク内容を一通り話してみて時間配分が適切かどうかをチェックします。実際に話してみると、予想していたより時間がかかることがあります。その場合は、どのスライドの説明時間を短くするか検討します。予定よりも短い時間で終わった場合は、説明内容を増やして調整します。ノートに進行の目安となる時間配分を書き込んでおくとプレゼンの際の目安となります。

プレゼン全体の時間配分を検討するためには、PowerPointのリハーサル機能を使うと便利です。スライドごとにかかる時間を記録できるので、どこに時間がかかり過ぎたかを確認して改善できます。

Let's Try リハーサルの実施

リハーサルを実施しましょう。ノートを印刷したものを用意し、実際に話してリハーサルを行います。リハーサル中は、自動的に時間が測定されます。

①《スライドショー》タブを選択します。

②《設定》グループの ![リハーサル] (リハーサル) をクリックします。

リハーサルが始まり、画面左上に《記録中》ツールバーが表示されます。

③説明内容を話します。

④スライドをクリックします。

⑤同様に、説明内容を話しながら最後のスライドまで進めます。

スライド切り替えのタイミングを保存するかどうかを確認するメッセージが表示されます。

⑥《はい》をクリックします。

リハーサルが終了し、標準表示モードに戻ります。

⑦ステータスバーの　　　　（スライド一覧）をクリックします。

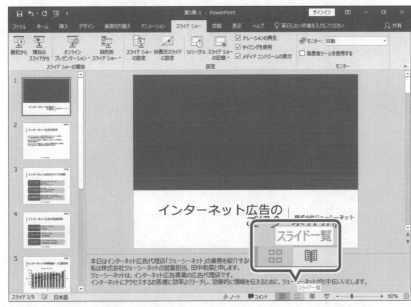

第1章

第2章

第3章

第4章

第5章

模擬試験

付録1

付録2

索引

スライド一覧表示モードに切り替わり、各スライドの右下に説明にかかった時間が表示されます。

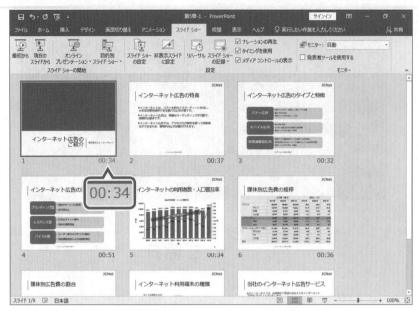

※ファイルを保存せずに閉じておきましょう。

💡 **操作のポイント**

スライドの自動切り替え
リハーサルを実行してタイミングを保存すると、スライドごとに切り替え時間が記録されます。スライドショーを実行すると、記録されている時間で自動的にスライドが切り替わります。
自動切り替えを解除する方法は、次のとおりです。

◆スライドを選択→《画面切り替え》タブ→《タイミング》グループの《☐自動的に切り替え》または《☐自動》

---

❸ 第三者からのチェック

リハーサルを同僚や先輩、上司などの第三者に見てもらい、トーク内容や話し方、姿勢などをチェックしてもらうと効果的です。自分では気付かなかった話し方の癖や声の大きさ、声のトーンや姿勢などをチェックしてもらいます。気になる点は、本番前に改善しましょう。

2 事前の準備

プレゼン実施の当日に向け、事前の準備を行います。

第1章

第2章

第3章

第4章

第5章

模擬試験

付録1

付録2

索引

1 チェックシートを使う

準備に必要な内容を書き出した「チェックシート」を作っておくと、漏れなく、確実にプレゼン実施の準備が行えます。

図5.1は、社外プレゼンの場合のチェックシートの例です。

■図5.1　チェックシートの例

□ プレゼンの日時、場所を確認したか

□ プレゼンの出席者の人数を確認したか

□ プレゼンに使う機器や道具を手配したか
　　□ プロジェクターまたは大型液晶ディスプレイ
　　□ PC・ケーブル
　　□ ポインターや指し棒

□ 配布資料は準備したか

□ 環境を確認したか（部屋の広さ、機器の設置場所など）

2 配布資料を準備する

プレゼンの聞き手に配布する資料や、発表者用のノートを準備します。

配布資料は当日の出席者の人数分に加え、数部、余裕を持って用意しておきます。そうすれば急な出席者や関係者に渡す資料として活用できます。

配布資料の印刷方法は、目的と資料の内容に合わせて決めるとよいでしょう。

PowerPointでは、1枚の用紙に1〜9スライドを割り付けて印刷できます。用紙1枚当たりのスライド枚数が少ないと、印刷枚数は増えますが、スライドの内容は確認しやすくなります。逆に、用紙1枚当たりのスライド枚数が多いと、印刷枚数は抑えられますが、スライドが縮小され、文字が小さくなり、内容が確認しにくくなります。

一般的には、1枚に2〜6スライドを印刷して配布します。

Let's Try　配布資料の印刷

1枚の用紙に6スライドが横方向に並ぶように印刷しましょう。

第5章 プレゼンの実施

①《ファイル》タブを選択します。

②《印刷》をクリックします。

③《設定》の《フルページサイズのスライド》をクリックします。

④《配布資料》の《6スライド（横）》をクリックします。

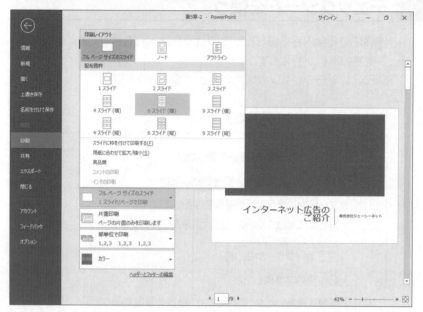

⑤《印刷》をクリックします。

1枚の用紙に6スライドが横方向に並んで印刷されます。

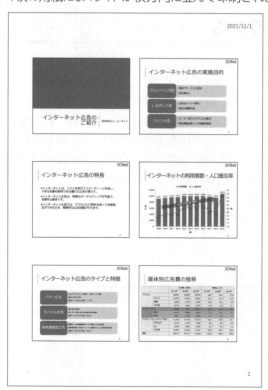

※ファイルを保存せずに閉じておきましょう。

プレゼン環境の確認では、次の3つの観点からチェックします。

- プレゼンに必要な機器や道具、ソフトの確認
- 説明を適切に行うための確認
- 聞き手に聞きやすい状況を提供するための確認

❶ プレゼンに必要な機器や道具、ソフトの確認

プロジェクターや大型液晶ディスプレイ、それらとPCを接続するケーブルがそろっているかどうかを確認します。

実際に使うプロジェクターや大型液晶ディスプレイにPCを接続してスクリーン上に投影し、適切にPCの画面が表示されるかどうかを確認しておくとよいでしょう。特に、PCを持ち込む場合は、ケーブルが合っているかどうか、映像が正しく表示できるかどうかを事前に確認しておくことが重要です。

解像度やピントの調整、色合いの微調整が必要な場合は先に行っておきます。

部屋の明るさ、スクリーンや画面の見やすさについても確認しておきます。

プレゼン資料を作成したPCではなく、別のPCを使ってプレゼンを実施するときは、次の点をチェックします。

- OSの種類
- プレゼンソフトの種類とバージョン

プレゼンで使うPCにインストールされているソフトの種類とバージョンは適切かどうかを確認します。また、用意しているデータが表示できるかどうかも確認しましょう。

プレゼン資料に使っているフォントがインストールされているかどうかの確認も必要です。

プレゼン資料以外の動画や音声などのファイルを使う場合は、それらを再生するための機器やソフトについても確認しておきます。

❷ 説明を適切に行うための確認

スライドを画面に投影しながら、スムーズに説明できる環境になっているかどうかをチェックします。スライドを表示するためのPCの位置が、説明するときに適切かどうかも確認します。

画面の切り替えに使うマウスは手元にあったほうがよいでしょう。説明している箇所を示すための指し棒やポインターも用意しておきます。

部屋の大きさによっては、確実に声が届くようにマイクを使うことがあります。マイクは、次の役割用に別々に用意するとよいでしょう。

- 発表者用
- 質疑応答用

広い会場では、質疑応答用のマイクは、ワイヤレスマイクを用意しておくと、会場からの質問がよく聞こえてスムーズに進行できます。

❸ 聞き手に良い環境を提供するための確認

プレゼンを実施するための環境だけでなく、聞き手の環境にも気を配ります。たとえば、詳細なデータをもとに説明するようなプレゼン内容であれば、聞き手は配布資料に書き込みを希望するかもしれません。そのときは、メモを取りやすい机を用意します。

プレゼンの実施

プレゼンを実施するときに相手に好印象を持ってもらい、信頼感が得られるようにするためのポイントを説明します。

1 好印象を与える

プレゼンを実施したとき、聞き手に好印象を持ってもらうためには、次の点に留意します。

❶ 清潔感のある服装ときちんとした身だしなみ

服装と着こなしは、聞き手に与える印象を左右します。清潔感のある服を着用し、シャツやブラウスの胸や袖のボタンが外れていないかなど、鏡を見て身だしなみをチェックしておきます。髪を整え、きちんとした印象になっているかどうかも確認します。男性は、ネクタイの位置が曲がっていないかの確認も必要です。靴の汚れもチェックして、磨いておきましょう。

❷ 正しい姿勢

発表を始める前には、正しい姿勢を取ります。聞き手に良い印象を与え、話しやすくなります。話しはじめは正しい姿勢を取っていても、話が進むにつれ姿勢が崩れてくることがあります。リハーサルのときに、第三者によるチェックで姿勢について指摘を受けたら、プレゼン中もそれを意識するようにしましょう。

❸ アイコンタクトの活用

プレゼン本番では聞き手に視線を送る、アイコンタクトを活用しましょう。聞き手の関心を引き付けたり、親近感を高めたりすることができます。視線は、会場全体に行き渡るようにゆっくりと移動していきます。重要な部分では、キーパーソンとなる人にアイコンタクトを送り、印象を強めます。

2 効果的にスライドショーを実行する

スライドショーを効果的に実施すると、プレゼンの内容がよりよく伝わります。スライドは発表中だけでなく、プレゼン開始時、終了時、質疑応答中にも活用しましょう。

❶ プレゼン開始時の画面

発表を始める前に、スライドショーを実行し、タイトルスライドを表示した状態にしておきます。複数の発表者が交替でプレゼンを実施する場合は、それぞれのプレゼン資料のタイトルを一覧にしたスライドを別途作っておいて表示してもよいでしょう。プレゼン全体のキーワードを理解してもらい、期待を高めることができます。

❷ プレゼン中のスライドへの書き込み

説明のポイントとなる箇所は、スライドに蛍光ペンやペンで印を付けるように書き込むことができます。

スライドへの書き込み

スライドショーを実行し、スライド2の「優れた広告の場」に蛍光ペンで印を付けましょう。

フォルダー「第5章」のファイル「第5章-3」を開いておきましょう。

①《スライドショー》タブを選択します。
②《スライドショーの開始》グループの 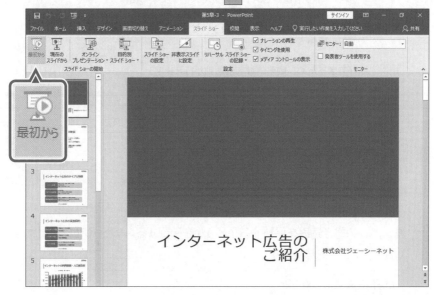 (先頭から開始) をクリックします。

③スライドをクリックし、スライド2を表示します。

④スライドの左下の ⌀ をクリックします。

※マウスポインターを動かすと、左下にボタンが表示されます。

⑤《蛍光ペン》をクリックします。

※マウスポインターが黄色の蛍光ペンに変わります。

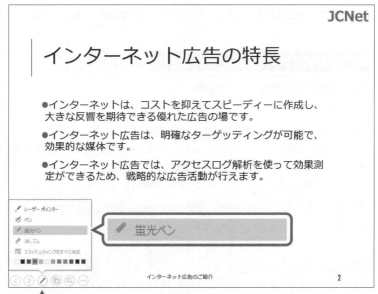

第1章
第2章
第3章
第4章
第5章
模擬試験
付録1
付録2
索引

⑥「優れた広告の場」をドラッグします。

⑦ Esc を押して、マウスポインターを元の状態に戻します。

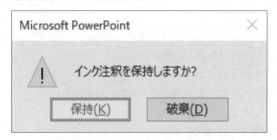

⑧ Esc を押して、スライドショーを終了します。

蛍光ペンの書き込みを保持するかどうかを確認するメッセージが表示されます。

⑨《保持》をクリックします。

※スライド2に蛍光ペンの書き込みがオブジェクトとして配置されていることを確認しておきましょう。

操作のポイント

その他の方法（蛍光ペンの利用）
◆ スライドを右クリック→《ポインターオプション》→《蛍光ペン》

スライドショー実行中の書き込みの削除
スライドショー実行中に、スライドに書き込んだ内容を部分的に削除する方法は、次のとおりです。
◆ スライドの左下の ✎ →《消しゴム》→削除する部分をクリック
※すでに保持されている書き込みは削除されません。

スライドに書き込んだすべての内容を削除する方法は、次のとおりです。
◆ スライドの左下の ✎ →《スライド上のインクをすべて消去》
※すでに保持されている書き込みは削除されません。

保持した書き込みの削除
保持されている書き込みを削除する方法は、次のとおりです。
◆ 標準表示モード→書き込みを選択→ Delete

❸ プレゼン終了時の画面

スライドショーを実行すると最後のスライドが表示されたあと、黒い画面が表示されます。この画面を表示しないで、タイトルスライドに戻るようにしておくと、質疑応答の際にプレゼンのタイトルが表示された状態になります。そのうえで、質問に合わせて必要なスライドを表示するとよいでしょう。

Let's Try　スライドショーの設定

Escキーが押されるまでスライドショーを繰り返すように設定しましょう。

①《スライドショー》タブを選択します。
②《設定》グループの（スライドショーの設定）をクリックします。

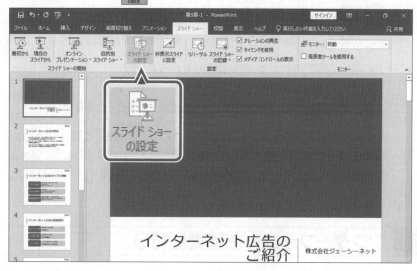

《スライドショーの設定》ダイアログボックスが表示されます。
③《Escキーが押されるまで繰り返す》を☑にします。
④《OK》をクリックします。

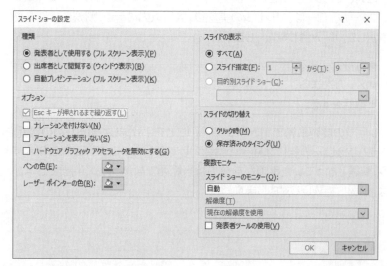

※スライドショーを実行し、最後のスライドをクリックしたときに、タイトルスライドに戻ることを確認しましょう。確認後は、[Esc]を押して標準表示モードに戻しましょう。
※ファイルを保存せずに閉じておきましょう。

第1章

第2章

第3章

第4章

第5章

模擬試験

付録1

付録2

索引

3　信頼感を与える話し方と質疑応答の留意点

発表と質疑応答では、聞き手に信頼感を与えるように話します。

❶ 明瞭な発声と抑揚を付けた話し方

発表は、聞き手に聞こえる大きさで、明瞭に声を出すように意識しながら進めます。姿勢を正しくして腹式呼吸をし、お腹から声を出すようにすると聞きやすい声になります。途中で早口にならないように、スピードにも気を付けます。また、単調にならないようにメリハリをつけ、重要なところでは少し強めに話すなど、抑揚を付けると相手に伝わりやすくなります。

❷ 質疑応答での留意点

発表が終了したら質疑応答を行います。質疑応答では、次のような点に留意します。

- 相手の質問内容を整理し、確認してから答える。
- ポイントをまとめて答える。
- 全体に関係のない質問については個別に伝えることを話す。

その場で回答できない質問に対しては、「わかりません」と答えるのではなく、「〇〇のご質問につきましては、調べまして、後日、回答いたします」のように答えます。自分の担当範囲外の内容については、アフターフォローで行うことを伝えてもよいでしょう。

4　アフターフォローを確実に行う

プレゼンを実施したあとは、必要に応じて、アフターフォローを行います。アフターフォローの目的は、プレゼンで説明した内容を補足し、次の行動へと確実につなげていくことです。アフターフォローでは、補足的な情報の提供や受けた質問など課題への対応、プレゼン全般に対してのレビューを行います。

アフターフォローは、プレゼンの実施後、数日以内に行い、状況に応じて次のような手段を選択したり組み合わせたりします。

- 直接対面する。
- メールを送る。
- 電話をする。

プレゼンの質疑応答で聞き手が製品のことをより詳しく知るための質問をしていたら、アフターフォローの際には補足の情報として製品カタログや資料を持参するとよいでしょう。課題となっていた事項が自分の担当範囲でなかったり、判断できなかったりする場合は、上司に相談して対応します。

知識科目

問題 1 プレゼンの実施で話す内容を記録しておくために活用するPowerPointの機能はどれですか。次の中から選びなさい。

1 配布用資料
2 ノート
3 メモ

問題 2 プレゼンの配布資料を印刷するときに考慮すべきこととして、適切なものを次の中から選びなさい。

1 プレゼンの内容が一覧できるように、1枚に可能な限り多くのスライドを印刷する。
2 スクリーンと照らし合わせて確認できるように、1枚に1スライドで印刷する。
3 配布資料の枚数を少なくするために、内容を考慮して1枚に2〜6スライド程度にして印刷する。

問題 3 プレゼンを実施するときに行うアイコンタクトの方法として、適切なものを次の中から選びなさい。

1 すべての人にまんべんなく視線が送れるよう、会場の後ろの壁に視線を合わせておく。
2 会場全体にゆっくりと視線を順次送っていく。
3 キーパーソンのみアイコンタクトをする。

問題 4 スライドショーの終了時に役立つPowerPointの機能として、適切なものを次の中から選びなさい。

1 Escキーが押されるまで繰り返す設定
2 目立たせたいスライドにマーカーを引く機能
3 現在のスライドからスライドショーを実行できる機能

第1章
第2章
第3章
第4章
第5章
模擬試験
付録1
付録2
索引

あなたは、日商ビジネスコンサルティング株式会社の営業を担当しています。

このたび、芝ソリューションサービス株式会社向けに組織活性化をテーマにした研修提案用のプレゼンを実施することになりました。発表用にプレゼン資料を仕上げ、事前のリハーサルで、訴求ポイントや時間配分などを調整します。「ドキュメント」のフォルダー「日商PCプレゼン2級　PowerPoint2019／2016」にあるフォルダー「第5章」のファイル「組織活性化研修のご提案　第5章」を開き、下記の［方針］に従って完成させてください。

［方針］

1　スライド1に関わる設定

❶次の内容をノートとして入力すること。

> 本日は、組織活性化研修をご提案させていただく機会をいただきまして、ありがとうございます。
> 私は、日商ビジネスコンサルティングで営業を担当しております多田沙月と申します。
> 今回ご提案させていただきます組織活性化は、弊社が最も力を注いでまいりました研修であり、「ポジティブマインドを醸成する」ことに主眼をおいた研修になっています。
> 最初に研修の主旨についてご説明し、次いで研修の効果や具体的な内容について、順次ご説明させていただきます。

2　全スライドに関わる設定

❶リハーサルを実施し、スライド切り替えのタイミングを記録すること。
ここでは、スライドのタイトルを読み上げて、スライドを切り替えること。

❷スライド一覧表示モードで各スライドの説明にかかった時間を確認すること。

❸変更したファイルは、「ドキュメント」のフォルダー「日商PC　プレゼン2級　PowerPoint2019／2016」にあるフォルダー「第5章」に「組織活性化研修のご提案　第5章（完成）」のファイル名で保存すること。

ファイル「組織活性化研修のご提案 第5章」の内容

●スライド1

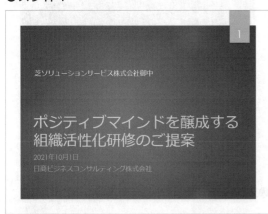

●スライド2

●スライド3

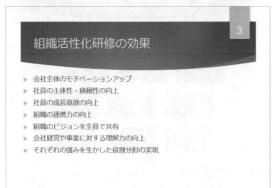

●スライド4

●スライド5

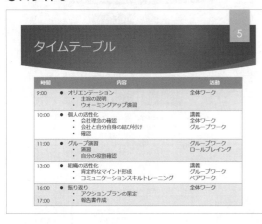

●スライド6

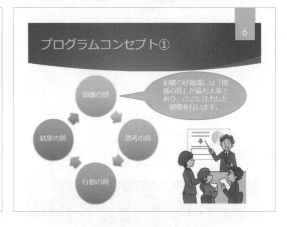

第1章
第2章
第3章
第4章
第5章
模擬試験
付録1
付録2
索引

●スライド7

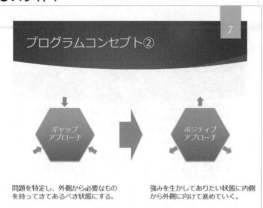

●スライド8

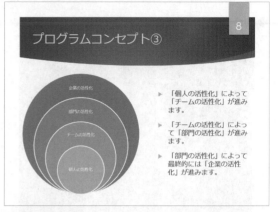

●スライド9

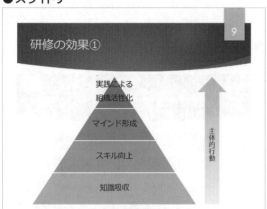

●スライド10

●スライド11

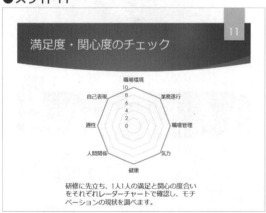

●スライド12

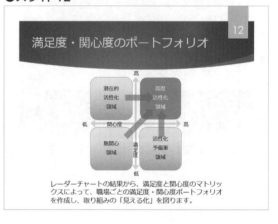

●スライド13

Challenge

模擬試験

第1回 模擬試験 問題

解答 ▶ 別冊P.15

本試験は、試験プログラムを使ったネット試験です。
本書の模擬試験は、試験プログラムを使わずに操作します。

知識科目

試験時間の目安:5分

本試験の知識科目は、プレゼン資料作成分野と共通分野から出題されます。
本書では、プレゼン資料作成分野の問題のみを取り扱っています。共通分野の問題は含まれません。

問題 1

プレゼン資料を作成するときのアウトライン機能を使う効果について述べた文として、適切なものを次の中から選びなさい。

1　わかりやすいタイトルを付けやすくなる。

2　プレゼンの訴求ポイントがわかる。

3　プレゼンのストーリー展開がしやすい。

問題 2

プレゼンの本論展開におけるボトムアップのアプローチについて述べた文として、適切なものを次の中から選びなさい。

1　最初に採用したい論理展開のパターンを考える。

2　収集した情報をもとにして本論のストーリーを考える。

3　時系列にまとめられるように過去から現在までの情報を集める。

問題 3

フッターについて述べた文として、適切なものを次の中から選びなさい。

1　フッターのフォントサイズを変更したいときは、《ヘッダーとフッター》ダイアログボックスを使って行う。

2　フッターの位置は変更できない。

3　フッターの文字の色を変更したいときは、スライドマスターを使って行う。

問題 4

アクセントカラーについて述べた文として、適切なものを次の中から選びなさい。

1　アクセントカラーを使うと、色の統一感が感じられるようになる。

2　アクセントカラーは、内容を強調したいスライドだけに使われる。

3　メインの色に対して色相が大きく異なる色を、面積の小さい図形に使うことで、視覚的なアクセントの役割が果たせるようにしたものである。

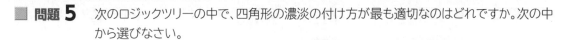

■ **問題 5** 次のロジックツリーの中で、四角形の濃淡の付け方が最も適切なのはどれですか。次の中から選びなさい。

1

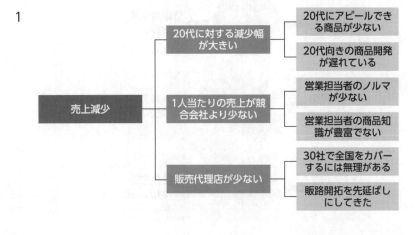

2

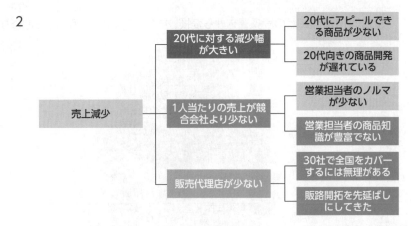

3

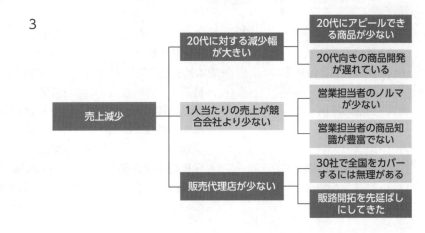

第1章

第2章

第3章

第4章

第5章

模擬試験

付録1

付録2

索引

問題 6 「重大危機発生」を適切に表現している図解はどれですか。次の中から選びなさい。

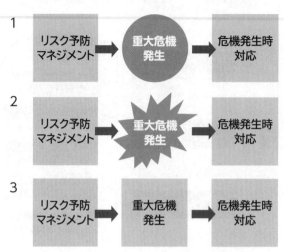

1　リスク予防マネジメント → 重大危機発生 → 危機発生時対応

2　リスク予防マネジメント → 重大危機発生 → 危機発生時対応

3　リスク予防マネジメント → 重大危機発生 → 危機発生時対応

問題 7 次のSmartArtは、どの箇条書きから変換したものですか。次の中から選びなさい。

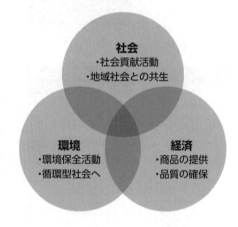

1
- ・社会
- ・社会貢献活動
- ・地域社会との共生
- ・経済
- ・商品の提供
- ・品質の確保
- ・環境
- ・環境保全活動
- ・循環型社会へ

2
- ・社会
- ・社会貢献活動
- ・地域社会との共生
  - ・経済
  - ・商品の提供
  - ・品質の確保
  - ・環境
  - ・環境保全活動
  - ・循環型社会へ

3
- ・社会
  - ・社会貢献活動
  - ・地域社会との共生
- ・経済
  - ・商品の提供
  - ・品質の確保
- ・環境
  - ・環境保全活動
  - ・循環型社会へ

スライドの箇条書きに設定するアニメーションで最も好ましいのはどれですか。次の中から選びなさい。

1 スライドイン
2 ズーム
3 バウンド

スライドの箇条書きに設定するアニメーションについて述べた文として、適切なものはどれですか。次の中から選びなさい。

1 箇条書きを1行ずつ表示するのが効果的である。
2 箇条書きに設定できるアニメーションは、種類が限定されている。
3 箇条書きの1行ごとにすべて異なるアニメーションを設定すると、変化が生じて効果的である。

プレゼンにおけるノートについて述べた文として適切なものはどれですか。次の中から選びなさい。

1 PowerPointには、ノートだけを出力する機能がある。
2 トーク内容はノートに入力しておくと、プレゼン実施時の発表者用の資料として活用できる。
3 本番のプレゼンでは間違いを防ぐために、ノートを読み上げることに専念するとよい。

第1章
第2章
第3章
第4章
第5章
模擬試験
付録1
付録2
索引

本試験の実技科目は、試験プログラムを使って出題されます。
本書では、試験プログラムを使わずに操作します。

あなたは、日商システムサービス株式会社のCSR推進室に所属しています。
このたび、「情報セキュリティーマネジメント全社基本教育」という社内教育用のプレゼン資料を作ることになり、途中まで作りましたが情報不足のため完成させることができませんでした。そこで、情報セキュリティーマネジメントに関する資料を探したところ、下記の2種類の資料が見つかりました。

- ●情報セキュリティー
- ●情報セキュリティーマネジメントシステムの解説

また、途中まで作成したプレゼン資料に不備がないか見直した結果、修正したい箇所があることに気付きました。
そこで、上記2種類の資料を使い不備を修正しながら、下記[修正方針]に従って作業することにしました。
「ドキュメント」のフォルダー「日商PC　プレゼン2級　PowerPoint2019／2016」にあるフォルダー「模擬試験」のファイル「情報セキュリティーマネジメント全社基本教育」を開き、[修正方針]に沿ってプレゼン資料を完成させてください。

※試験時間内に作業が終わらない場合は、終了時点のファイルを指定されたファイル名で保存してから終了してください。保存された結果のみが採点対象になります。

[修正方針]

1　ファイル「情報セキュリティーマネジメント全社基本教育」へのテンプレートの適用

❶ファイル「情報セキュリティーマネジメント全社基本教育」に、デザインテンプレートとして「テンプレート001」を適用させる。

2　ファイル「情報セキュリティーマネジメント全社基本教育」の配色の変更

❶配色を「オレンジ」に変更する。

3　目次スライドに関わる操作

❶適切な位置に目次のスライドを追加する。
❷スライドのタイトルは「内容」とする。
❸目次には、次の箇条書きを入力する。

```
・情報セキュリティーの三要素
・情報セキュリティーマネジメントの必要性
・情報セキュリティーマネジメントシステムの構成
・情報取り扱いのリスク
・漏洩事故の原因別件数・割合
・漏洩事故による社会的責任
```

4 ファイル「情報セキュリティー」に関わる操作

❶適切な位置に新しいスライドを挿入したうえ、次のように加工する。
- スライドのタイトルは「情報セキュリティーの三要素」とする。
- ファイル「情報セキュリティー」の中の「情報セキュリティーの三要素」の文章を3項目2階層項目の箇条書きにして示す。箇条書きは、それぞれ1文で表現する。
- 箇条書きの末尾は、「体言止め」とする。

❷「情報セキュリティーマネジメントの必要性」スライドを、次のように加工する。
- 「コンピューターによる大量・迅速な情報処理に伴う要因」と「情報の利用に伴う要因」に、それぞれ2階層目の箇条書きを追加する。2階層目の箇条書きは、ファイル「情報セキュリティー」の中の「情報セキュリティーマネジメントの必要性」の該当箇所をもとに作る。
- 2階層目の箇条書きの末尾は、「体言止め」とする。

5 「情報取り扱いのリスク」スライドに関わる修正

❶表の中の「例」を「紙媒体の場合の例」と「電子媒体の場合の例」の2つに分割して4列の表にする。「紙媒体の場合の例」と「電子媒体の場合の例」のセルの文は、それぞれに当てはまる内容にする。内容が同じ行は、2つのセルを結合する。

❷「問題の説明」「紙媒体の場合の例」「電子媒体の場合の例」の列幅を同じにする。

❸列見出しは、左右中央揃え、上下中央揃えにする。

❹「目的外利用」「漏洩」「滅失または棄損」のセルは、左揃え、上下中央揃えにする。

❺表のスタイルを「中間スタイル2-アクセント1」に変更する。

6 「情報セキュリティーマネジメントシステムの構成」スライドに関わる修正

❶構成を示す階層の「規程」と「各部署の手順書」のあいだに「細則類」の階層を挿入して5階層の図解にする。

❷最上位の「方針」にスタイル「塗りつぶし-オレンジ、アクセント2」を設定し、文字の色を「白、背景1」に変更する。

❸最上位の「方針」に対して円形吹き出しを追加し、「情報セキュリティーマネジメントの方針を頂点に構成」と文字を入力する。円形吹き出しのスタイルは「枠線-淡色1、塗りつぶし-オレンジ、アクセント2」とする。

第1章

第2章

第3章

第4章

第5章

模擬試験

付録1

付録2

索引

7　「漏洩事故の原因別件数・割合」スライドに関わる修正

❶円グラフを平面的な集合縦棒グラフに変更する。

❷グラフの「伝達ミス」と「ウイルス感染」を「その他漏洩」に含める。

❸データラベルに件数だけを表示し、データ系列の内側上に配置する。

❹目盛の最大値は「400」とする。

❺目盛間隔は「100」とする。

❻軸ラベルとして、「件数」と縦書きで表示する。

❼グラフのスタイルを「スタイル7」とし、データラベルのフォントの色を「白、背景1」にする。

❽グラフの内容に合わせて、スライドのタイトルを変更する。

8　ファイル「情報セキュリティーマネジメントシステムの解説」に関わる操作

❶ファイル「情報セキュリティーマネジメントシステムの解説」の「ISMS違反による信用失墜」スライドをファイル「情報セキュリティーマネジメント全社基本教育」の最後のスライドとして挿入する。スライドのテーマは、元の書式は使わずに貼り付け先のテーマを使う。

❷スライドのタイトルを「漏洩事故による社会的責任」に変更する。

❸貼り付けたスライドの箇条書きの末尾は、「体言止め」とする。

❹「個人情報漏洩」について、「情報漏洩」と同様の図解を作成する。
刑事責任として「個人情報保護法による6カ月以下の懲役または30万円以下の罰金」につながることを示す。四角形のスタイルは「枠線のみ-オレンジ、アクセント1」、枠線の太さは2.25ptとする。

❺「信用の失墜」の図形を「爆発:14pt」または「爆発2」に変更し、図形のスタイル「塗りつぶし-オレンジ、アクセント1」を設定する。

9　全スライドに関わる設定

❶スライドのタイトルを変更している場合は、目次にも反映させる。

❷スライドの順番に不備があれば入れ替える。

❸タイトルスライドを除くすべてのスライドに、スライド番号を表示する。スライド番号のフォントサイズは「18ポイント」とする。

❹タイトルスライドを除くすべてのスライドに、フッター「情報セキュリティーマネジメント」を表示する。

❺すべてのスライドの画面切り替え効果として右から表示される「ワイプ」を設定する。

❻修正、追加、設定などが終わったら、「ドキュメント」のフォルダー「日商PC プレゼン2級 PowerPoint2019／2016」にあるフォルダー「模擬試験」に「情報セキュリティーマネジメント全社基本教育（完成）」のファイル名で保存する。

ファイル「情報セキュリティーマネジメント全社基本教育」の内容

●スライド1

情報セキュリティー
マネジメント
全社基本教育

2021年9月1日
CSR推進室

●スライド2

情報セキュリティーマネジメントの必要
性

・コンピューターによる大量・迅速な情報処理に伴う要因
・情報の利用に伴う要因

●スライド3

情報取り扱いのリスク

起こりうる問題の種類	問題の説明	例
目的外利用	媒体を問わず、会社で明確にした目的を超えて利用すること。	顧客から取得した情報を本来の利用方法以外で利用すること。
漏洩	情報やデータが故意に、または偶然に本来意図しない人に見えたり渡ったりしてしまうこと。	紙媒体の場合は、紙の情報が盗み出される、紙が持ち出される、ミスで外に出るなど。電子媒体の場合は、不正アクセスして情報が盗み出される、媒体を置き忘れるなど。
滅失または毀損	情報やデータを壊したり紛失したりしてしまうこと。	紙媒体の場合は、間違って廃棄する、汚すなど。電子媒体の場合は、データを間違って上書きするなど。

●スライド4

情報セキュリティーマネジメントシステム
の構成

●スライド5

漏洩事故の原因別件数・割合

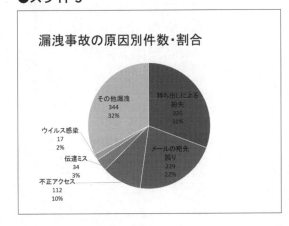

第1章
第2章
第3章
第4章
第5章
模擬試験
付録1
付録2
索引

ファイル「情報セキュリティー」の内容

情報セキュリティーの三要素とは

　情報セキュリティーは 3 つの大きな要素で構成されています。「情報の機密性」は、権利を持つ人だけが情報へのアクセスや情報の利用が可能な状態にあることです。また情報の完全性は情報が破損したり改ざんされたりせず完全な状態にあることです。加えて情報の可用性という、情報を必要な時に取り出し利用できる状態にあることがあります。これらの三要素は情報セキュリティーを知る上で欠かせないもので、常に意識をしておく必要があります。

情報セキュリティーマネジメントの必要性

　コンピューターによる大量・迅速な情報処理に伴う要因としては、日常で多くの情報が収集され、コンピューターなどの情報機器の中に大量に蓄積される機会が増加していることが挙げられます。また、蓄積された情報が、本来の目的外で使用されるという事態が発生しています。

　情報の利用に伴う要因としては、不正確な内容の情報が利用されるという問題が発生していることが挙げられます。また、大量の情報が不正に漏洩したり、改ざん・悪用されたりするという危険性も増大しています。さらに、不十分なセキュリティーが原因で、コンピューターウイルスに感染する事例も頻発しています。

ファイル「情報セキュリティーマネジメントシステムの解説」の内容

●スライド1

●スライド2

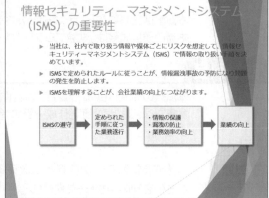

●スライド3

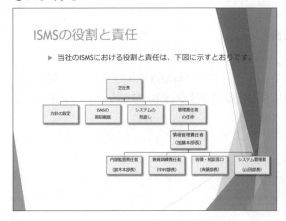

●スライド4

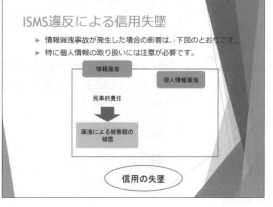

●スライド5

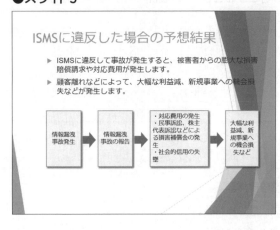

第1章

第2章

第3章

第4章

第5章

模擬試験

付録1

付録2

索引

模擬試験 問題

解答 ▶ 別冊P.27

本試験は、試験プログラムを使ったネット試験です。
本書の模擬試験は、試験プログラムを使わずに操作します。

知識科目

試験時間の目安：5分

本試験の知識科目は、プレゼン資料作成分野と共通分野から出題されます。
本書では、プレゼン資料作成分野の問題のみを取り扱っています。共通分野の問題は含まれません。

■ **問題 1** 収集する情報を一次資料と二次資料に分けたとき一次資料に含まれるものとして、適切なものを次の中から選びなさい。

1 自社の実験データ
2 大手新聞の記事
3 日本の中央省庁の編集による白書

■ **問題 2** プレゼンにおける本論の展開の仕方で、よく知られている原理原則から始めて、説明したい事柄が正しいことを証明する方法は何と呼ばれますか。適切なものを次の中から選びなさい。

1 帰納法
2 演繹法
3 因果関係展開法

■ **問題 3** プレゼンの本論を「過去→現在→未来」とするとき、この展開の仕方は何と呼ばれますか。適切なものを次の中から選びなさい。

1 時系列
2 因果関係
3 空間的展開

■ **問題 4** 図形に付ける影の方向について述べた文として正しいのはどれですか。次の中から選びなさい。

1 上から下への方向が最も自然に感じられる。
2 右上から左下への方向が最も自然に感じられる。
3 左上から右下への方向が最も自然に感じられる。

■ **問題 5**　最もメリハリが感じられる図解はどれですか。次の中から選びなさい。

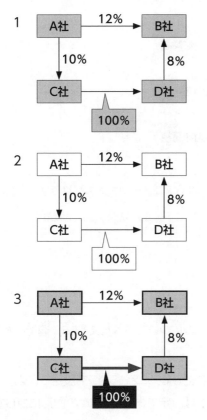

■ **問題 6**　最も適切な図解表現はどれですか。次の中から選びなさい。

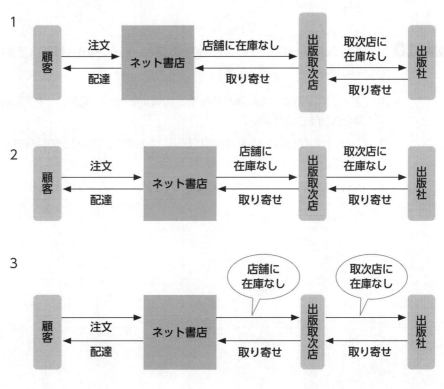

第1章

第2章

第3章

第4章

第5章

模擬試験

付録1

付録2

索引

■ **問題7** 次の図解（経験と能力を対比させた図）で、矢印の使い方が適切なものはどれですか。次の中から選びなさい。

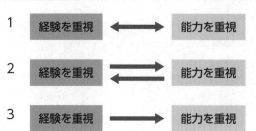

1　経験を重視　⬌　能力を重視

2　経験を重視　⇄　能力を重視

3　経験を重視　➡　能力を重視

■ **問題8** 図形などを強調したいときに追加されるアニメーションはどれですか。次の中から選びなさい。

1　フェード

2　スピン

3　ワイプ

■ **問題9** スライドの図解に設定するアニメーションについて述べた文として、適切なものはどれですか。次の中から選びなさい。

1　図解を構成している個々の図形に対してアニメーションを設定できる。

2　図解全体に対してアニメーションは設定できるが、個々の図形に対しては設定できない。

3　図解全体をグループ化した場合でも、個々の図形に対してアニメーションを設定できる。

■ **問題10** プレゼンにおける時間配分について述べた文として適切なものはどれですか。次の中から選びなさい。

1　プレゼンの序論、本論、まとめを所定の時間どおりに配分したあとに、質疑応答の時間を追加するのがよい。

2　リハーサルを行った結果、時間が超過したときは、プレゼンの時間をその分多くとれるように関係者と調整するのがよい。

3　PowerPointのリハーサル機能を使うと、プレゼンの時間配分を検討しやすくなる。

本試験の実技科目は、試験プログラムを使って出題されます。
本書では、試験プログラムを使わずに操作します。

あなたは、株式会社日商エコテックの開発部門に所属しています。
このたび、ある企業とOEM製品開発について商談を進めるにあたり、事業部の紹介資料を作ることになりました。同じ部署の同僚による、作りかけの資料をもとに完成させます。
資料作成には、下記の2種類の資料を使います。

- ● ソーラーパワー事業
- ● 株式会社日商エコテック会社案内

上記2種類の資料を使って修正しながら、下記［修正方針］に従って作業することにしました。
「ドキュメント」のフォルダー「日商PC プレゼン2級 PowerPoint2019／2016」にあるフォルダー「模擬試験」のファイル「ソーラーパワー事業」を開き、［修正方針］に沿ってプレゼン資料を完成させてください。

※試験時間内に作業が終わらない場合は、終了時点のファイルを指定されたファイル名で保存してから終了してください。保存された結果のみが採点対象になります。

［修正方針］

1　ファイル「ソーラーパワー事業」へのテンプレートの適用

❶ ファイル「ソーラーパワー事業」に、デザインテンプレートとして「テンプレート002」を適用させる。

2　ファイル「ソーラーパワー事業」の配色の変更

❶ 配色を「紫Ⅱ」に変更する。

3　タイトルスライドに関わる修正

❶ タイトルを「ソーラーパワー事業のご紹介」に変更し、2行で表現する。
❷ 社名をサブタイトルに入力する。

4　ファイル「株式会社日商エコテック会社案内」に関わる操作

❶ ファイル「株式会社日商エコテック会社案内」の「会社概要」スライドを、ファイル「ソーラーパワー事業」の2枚目として挿入する。スライドのテーマは、元の書式は使わずに貼り付け先のテーマを使う。
❷ 「商号」の次の行に「英文商号：NISHO ECO TECH INC.」を追加する。
❸ 「商号」、「英文商号」、「所在地」、「設立」、「資本金」の順序に並べ、そのほかの項目は削除する。

第1章

第2章

第3章

第4章

第5章

模擬試験

付録1

付録2

索引

5　「太陽光発電のメリット」スライドに関わる修正

❶次の文章を3つの項目の箇条書きで整理する。箇条書きの末尾は「である体」とする。

> 弊社で利用している太陽光は、再生可能エネルギーであり、石油や石炭などに代わる、枯渇しないエネルギーです。したがって、太陽光発電は二酸化炭素排出量の削減につながります。

❷箇条書きのフォントサイズを「28ポイント」にする。

❸箇条書きの行間を「1.5行」に変更する。

❹スライドの右下に直径10cmの円を描く。

❺円の中心から外周に向けて徐々に薄くなる赤のグラデーションを設定する。中心は透明度「30%」の赤、外周は透明度「100%」の赤にする。

❻円の枠線をなしに変更する。

❼円を文字の背後に移動する。

6　「製品紹介」スライドに関わる修正

❶「OEM製品」の説明として、2階層目に「照明、監視装置、通信機器の屋外電源を提供」と入力する。

❷「自社オリジナル製品」の説明として、2階層目に「パワーチャージαシリーズの開発・販売」と入力する。

❸「パワーチャージαシリーズ」の文字を赤字、太字に変更する。

7　「海外市場の売上比率」スライドに関わる修正

❶次の表をもとに、販売地域別売上比率のグラフを作成する。

地域	売上高(千万円)
日本	690
中国	390
インド	210
ベトナム	120
その他	80

❷グラフのスタイルを「スタイル9」とする。

❸グラフタイトルに「販売地域別売上比率」と入力する。

❹各データ要素に、割合を示すパーセントを表示する。

❺「インド」のデータ要素を切り離して目立つようにする。

❻背景の写真の色を「ウォッシュアウト」に設定する。

8 「新製品の紹介」スライドに関わる修正

❶ スライドのタイトルを「パワーチャージαの紹介」に変更する。

❷ 「いつでも、どこでも」の下側に「右矢印」を追加する。

❸ 右矢印の下側に「太陽光でバッテリーをチャージ」を追加し、2行で表現する。

❹ 「ドキュメント」のフォルダー「日商PC プレゼン2級 PowerPoint2019／2016」にあるフォルダー「模擬試験」から次の画像を挿入する。

> スマートフォン、タブレット、ノートPC

❺ 3つの画像の高さを縦横比を変えずに「3.2cm」に変更し、四角形の中に「スマートフォン」「タブレット」「ノートPC」の順番で縦に並べること。

❻ 3つの画像の中心が縦にそろうように配置し、それぞれの画像が重ならないようにする。

9 新しいスライドの追加に関わる操作

❶ 「パワーチャージαの紹介」の次に新しいスライドを追加する。
スライドのレイアウトは「2つのコンテンツ」にする。

❷ スライドのタイトルは「高い技術力を製品開発へ」とする。

❸ スライドの左側には、3つの要素のステップを示す図解を作成する。
図解にはSmartArtの「手順」の「ステップダウンプロセス」を使用する。

❹ SmartArtの3つの図形には、「基礎研究」「仕様決定」「製品開発」をそれぞれ2行で入力する。

❺ SmartArtの色を「カラフル-アクセント5から6」に変更する。

❻ スライドの右側には、次の3つの項目を1から3の連番を付けた箇条書きで入力する。

> ・日商エコテック研究所による基礎研究の推進
> ・最新技術を生かした仕様決定
> ・市場ニーズを反映した製品開発

10 目次スライドに関わる操作

❶ 適切な位置に目次のスライドを追加する。

❷ スライドのタイトルは「Contents」とする。

❸ 目次の項目は各スライドのタイトルを入力する。

11 全スライドに関わる設定

❶ タイトルスライドを除くすべてのスライドに、スライド番号を表示する。

❷ タイトルスライドを除くすべてのスライドに、会社のロゴを表示する。
ロゴは、「ドキュメント」のフォルダー「日商PC プレゼン2級 PowerPoint2019／2016」にあるフォルダー「模擬試験」の画像「logo」を挿入し、縦横比を変えずに、高さ「1.5cm」にする。ロゴは、スライドの右上に、装飾のボーダーと重ならないように配置する。

❸ すべてのスライドの箇条書きのフォントを「MSPゴシック」に変更し、1階層目のフォントサイズは「32ポイント」、2階層目は「28ポイント」とする。

❹すべてのスライドの画面切り替え効果として「ディゾルブ」を設定する。

❺スライドショーの設定で、「Escキーが押されるまで繰り返す」を設定する。

❻修正、追加、設定などが終わったら、「ドキュメント」のフォルダー「日商PC プレゼン2級 PowerPoint2019／2016」にあるフォルダー「模擬試験」に「ソーラーパワー事業（完成）」のファイル名で保存する。

ファイル「ソーラーパワー事業」の内容

●スライド1

事業概要

●スライド2

太陽光発電のメリット

●スライド3

製品紹介

- OEM製品
- 自社オリジナル製品

●スライド4

海外市場の売上比率

●スライド5

新製品の紹介

いつでも、どこでも

ファイル「株式会社日商エコテック会社案内」の内容

●スライド1

株式会社日商エコテック
会社案内

●スライド2

会社概要

- × 商号：株式会社日商エコテック
- × 設立：1970年4月1日
- × 資本金：3億5000万円
- × 従業員：124名
- × 代表取締役社長：太田一朗
- × 所在地：東京都港区芝大門X丁目X番X号

●スライド3

企業理念

- × 日商エコテックは、自然エネルギーである太陽光を活用した太陽光発電機器、太陽光発電システムの専門メーカーです。
- × 地球にやさしく、経済的なメリットも大きな太陽光発電システムの提供を通して、循環型社会の実現に寄与します。

●スライド4

事業内容

- × 太陽光発電機器の開発・製造・販売
- × 太陽光電池システムの開発・提供

画像ファイルの内容

●fig1

●fig2

●fig3

●fig4

●logo

NISHO ECO TECH

第1章
第2章
第3章
第4章
第5章
模擬試験
付録1
付録2
索引

第3回 模擬試験 問題

解答 ▶ 別冊P.39

本試験は、試験プログラムを使ったネット試験です。
本書の模擬試験は、試験プログラムを使わずに操作します。

知識科目

試験時間の目安：5分

本試験の知識科目は、プレゼン資料作成分野と共通分野から出題されます。
本書では、プレゼン資料作成分野の問題のみを取り扱っています。共通分野の問題は含まれません。

■ 問題 1
「序論」「本論」「まとめ」の展開の中の序論が果たす役割について述べた文として、適切なものを次の中から選びなさい。

1　詳細な根拠を示す。

2　プレゼン内容の重要ポイントや結論を整理して明確に示す。

3　主題の重要性を伝える。

■ 問題 2
目的別スライドショーについて述べた文として、適切なものを次の中から選びなさい。

1　スライドにほかのファイルへのリンクを設定しておき、そのファイルをスライドショーの途中で表示すること。

2　すでに投影したスライドショーの一部を再度投影すること。

3　プレゼンの目的によって表示順序を変えたり、一部を省略したりしてスライドショーを再構成すること。

■ 問題 3
プレゼンにおける本論の展開をMECEに行う場合について述べた文として、適切なものを次の中から選びなさい。

1　漏れがない状態でまとめる。

2　漏れや重複がない状態でまとめる。

3　簡潔にまとめる。

■ 問題 4
周辺技術が融合する動きを示す状態を示した図解として適切なものはどれですか。次の中から選びなさい。

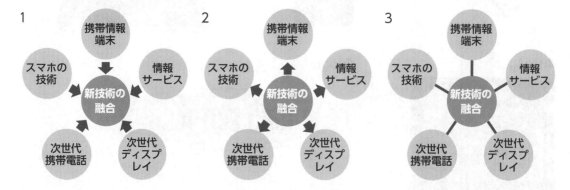

第1章

第2章

第3章

第4章

第5章

模擬試験

付録1

付録2

索引

■ **問題 5** 次の図解は、SmartArtの何を使って加工したものですか。次の中から選びなさい。

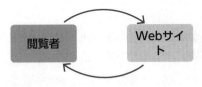

1 「基本の循環」（下図）を使用

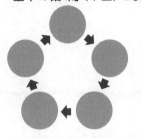

2 「ボックス循環」（下図）を使用

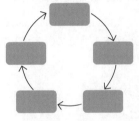

3 「連続性強調循環」（下図）を使用

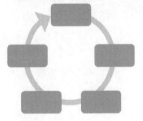

■ **問題 6** HSLカラーモデルの「色合い」で表現できる色相の色数が正しいのはどれですか。次の中から選びなさい。

1 24通り

2 256通り

3 1024通り

■ **問題 7** スライドのフッターの位置について述べた文として正しいのはどれですか。次の中から選びなさい。

1 自由に移動することができる。

2 水平方向にだけ移動することができる。

3 移動することはできない。

問題 8 プレゼンテーションへのアニメーションの設定について述べた文として、適切なものはどれですか。次の中から選びなさい。

1 タイトル、箇条書き、表、グラフ、図解など、あらゆるものに漏れなくアニメーションを設定することで、活気が生まれ効果的なプレゼンができる。

2 プレゼンの内容に合わないアニメーションを多数設定したり派手過ぎる効果を設定したりして、本当に伝えたい内容がかすんでしまわないように注意しなければならない。

3 アニメーションは、1スライドにつき1箇所にだけ設定するのが基本である。

問題 9 プレゼンテーションへの画面切り替え効果について述べた文として、適切なものはどれですか。次の中から選びなさい。

1 スライドごとに多様な画面切り替え効果を設定すると、活気のあるプレゼンを実施できる。

2 画面切り替え効果とアニメーションの両方を使うのは避けなければならない。

3 効果的に使うと、プレゼンに変化やメリハリを感じさせる。

問題 10 プレゼン実施時に聞き手に広く好印象をもってもらうための方法について述べた文として、適切なものはどれですか。次の中から選びなさい。

1 聞き手に視線を送る、アイコンタクトを活用する。

2 前列に座っている人に顔を向けて話すとよい。

3 提案のためのプレゼンでは、なるべく姿勢を崩さないように保ちながら、投影されているスライドの内容を正確に読み上げるのがよい。

本試験の実技科目は、試験プログラムを使って出題されます。
本書では、試験プログラムを使わずに操作します。

あなたは、せとうちマリン水族館株式会社の企画課に所属しています。
せとうちマリン水族館では2020年以来の世界的な感染症拡大による営業自粛期間があり、来場者が急減したため、従来から行っていた来場者の満足度調査に加え、課題を抽出するためのアンケート調査を行いました。その後、企画課ではアンケート結果をまとめ、活性化プランの検討を行うための資料を作成しています。
あなたは同僚が作成した未完成の資料に修正を加えながら、下記[修正方針]に従って作業することになりました。未完成の資料とは、次の2種類の資料です。

- ●せとうちマリン水族館活性化提案
- ●検討課題と提案

「ドキュメント」のフォルダー「日商PC　プレゼン2級　PowerPoint2019／2016」にあるフォルダー「模擬試験」のファイル「せとうちマリン水族館活性化提案」を開き、[修正方針]に沿ってプレゼン資料を完成させてください。

※試験時間内に作業が終わらない場合は、終了時点のファイルを指定されたファイル名で保存してから終了してください。保存された結果のみが採点対象になります。

[修正方針]

1　ファイル「せとうちマリン水族館活性化提案」へのテーマの適用

❶テーマを「ウィスプ」に変更する。

2　タイトルスライドに関わる修正

❶タイトルを「せとうちマリン水族館活性化提案」に修正し、2行で表現する。
❷日付（2021年7月1日）と社名、部署名をサブタイトルに入力し、2行で表現する。
❸「ドキュメント」のフォルダー「日商PC　プレゼン2級　PowerPoint2019／2016」にあるフォルダー「模擬試験」の画像「dolphin」を挿入し、適切なサイズに縮小してスライドの右上に配置する。

3　「調査の目的」スライドに関わる修正

❶スライドの文章を3項目の箇条書きに整理する。
❷箇条書きの末尾は、「である体」とする。
❸箇条書きの行間を「2行」に変更する。

第1章

第2章

第3章

第4章

第5章

模擬試験

付録1

付録2

索引

4 「来場者数推移」スライドに関わる修正

❶棒グラフを折れ線グラフの「マーカー付き折れ線」に変更する。

❷グラフに次の「個人」のデータを追加する。

	個人
2016	220
2017	245
2018	374
2019	384
2020	125
2021	350

❸項目軸に軸ラベル「年」を表示する。値軸に軸ラベル「来場者数（千人）」を縦書きで表示する。カッコは全角で入力する。

❹グラフの下側に凡例を表示する。

❺項目軸の「2021」の下にテキストボックスを追加し、「（目標）」と文字を入力する。フォントサイズは「14ポイント」とする。

❻「2019年」と「2020年」のあいだで値が急減していることを表す円形吹き出しを追加し、「営業自粛期間」と文字を入力する。円形吹き出しのフォントサイズは「14ポイント」、スタイルは「パステル-オリーブ、アクセント5」とする。

5 新しいスライドの追加に関わる操作

❶「来場者数推移」スライドの次に「調査内容」として新しいスライドを挿入する。

❷次の調査内容を2階層の箇条書きでまとめる。1階層目は3項目とする。

> 調査方法は口頭調査および配布ハガキの返信によるもので、調査期間は2020年4月27日～6月29日。対象者は来場者から無作為に抽出した2,000名で、有効回答者数は1,854名であった。

❸箇条書きの末尾は、「体言止め」とする。

6 「2020年アンケートより来場者の声」スライドに関わる修正

❶スライドのレイアウトを「比較」に変更する。

❷すでに作成されている表のタイトルを「プラス回答」とする。

❸表にスタイル「中間スタイル2-アクセント1」を設定する。

❹「プラス回答」の表を右側のプレースホルダーにコピーして「マイナス回答」の表を追加する。

❺「マイナス回答」の表には次の内容を表示する。

アンケート回答	ユーザー属性		
写真撮影用のスポットが見当たらなかった	20代	男性	個人
イベントが開催されていなかった	40代	女性	団体
海浜公園への行き方が分かりにくい	50代	女性	個人
食事処が古くて薄暗く落ち着かない	30代	男性	個人
駐車場から入口までバリアフリー対策がない	70代	女性	団体

7 新しいスライドの追加に関わる操作

❶「2020年アンケートより来場者の声」スライドの次にスライドを追加する。スライドのレイアウトは「タイトルのみ」とする。

❷スライドのタイトルは「満足度の推移」とする。

❸ファイル「満足度調査」を開いて、表示されているグラフを貼り付け先のテーマを使用してスライドに貼り付ける。

❹グラフのデザインのカラーを「モノクロ　パレット2」に変更する。

❺グラフタイトルを削除する。

❻項目軸に軸ラベル「年」を縦書きで表示する。

❼「満足」のデータ系列の上に、「下矢印」を挿入する。

❽下矢印に、「過去5年間のアンケート調査によると、満足度は減少傾向」と入力する。「5」は全角で入力する。

❾下矢印の色を「赤」、透明度を「50%」にする。

❿下矢印の枠線をなしに変更する。

⓫下矢印のフォントサイズを「14ポイント」にする。

⓬下矢印内の文字の方向を縦書きにし、2行で表示されるように形と大きさを調整する。

8 「活性化プラン」スライドに関わる修正

❶「Webからの発信」、「インフラ整備」、「バーチャルイベント開催」の結果、「集客効果」を得る図解を作成する。

❷図解にはSmartArtの「集合関係」の「フィルター」を使用する。

❸SmartArtのスタイルは「光沢」とする。

❹SmartArtに、図形を1つずつ表示する「フェード」のアニメーションを設定する。

9 ファイル「検討課題と提案」に関わる操作

❶「活性化プラン」スライドの次にスライドを追加する。スライドのレイアウトは「比較」とする。

❷スライドのタイトルは「最優先の検討課題と提案」とする。

❸ファイル「検討課題と提案」の内容から、「最優先の検討課題」に関して2つの内容に分類し、スライド左右の見出しを入力する。

❹見出しに対応する具体的な検討課題を箇条書きで入力する。

❺箇条書きはそれぞれ3項目とする。

❻箇条書きの末尾は、「体言止め」とする。

❼箇条書きの行間はすべて「1.5」とする。

10　全スライドに関わる設定

❶タイトルスライドを除くすべてのスライドに、スライド番号を表示する。

❷タイトルスライドを除くすべてのスライドに、フッター「せとうちマリン水族館」を表示する。

❸すべてのスライドの画面切り替え効果として「ディゾルブ」を設定する。

❹修正、追加、設定などが終わったら、「ドキュメント」のフォルダー「日商PC プレゼン2級 PowerPoint2019／2016」にあるフォルダー「模擬試験」に「せとうちマリン水族館 活性化提案（完成）」のファイル名で保存する。

ファイル「せとうちマリン水族館活性化提案」の内容

●スライド1

提案書

●スライド2

調査の目的

・せとうちマリン水族館は2007年の開業以来、来場客が上昇してきましたが、2020年は初の減少に転じました。そこで現状打開のために来場客にアンケートを実施して、来場客の増加を図るための活性化プランを検討しました。

●スライド3

来場者数推移

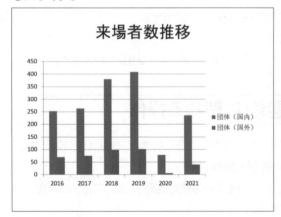

■団体（国内）
■団体（国外）

●スライド4

2020年アンケートより
来場者の声

アンケート回答		ユーザー属性	
館外では良い写真が撮れた	20代	女性	団体
大水槽の魚を見てリフレッシュできた	30代	女性	団体
海浜公園の景色が美しい	30代	男性	個人
食事処では密にならず安心して食事ができた	50代	女性	個人
建物が集中して移動が楽である	50代	男性	団体

●スライド5

活性化プラン

・Webからの発信
・インフラ整備
・バーチャルイベント開催

ファイル「検討課題と提案」の内容

●最優先の検討課題

せとうちマリン水族館の来場者数は、開業以来、順調に上昇してきたが、2020 年に初めて減少に転じた。感染症対策による営業自粛期間があったこと、レジャーが多様化したことなど、さまざまな要因が考えられる。

そこで、せとうちマリン水族館の企画課では以下の 2 つの検討課題を最優先で取り上げ、営業再開後、より多くのお客様が満足できる施設に改善する。

1 つ目は、インフラの整備である。来館客の高齢化、多様化に対応し、駐車場からの誘導、館内施設の改装、特に人気スポットの海浜公園への誘導を早急に実施する。具体策としては優先駐車スペースの拡大、食事処の改装、海浜公園への誘導標識の設置を検討する。2 つ目は、インターネットの活用である。営業自粛の際の対策では、インターネットの活用で認知度を上げることができた。日本国内に限らず、外国人観光客も新しいマーケット開拓として有効と考えられる。具体策としては、SNS を活用した写真やブログの発信、バーチャルイベントの開催、写真撮影用スポットの設置の検討が急務である。

ファイル「満足度調査」の内容

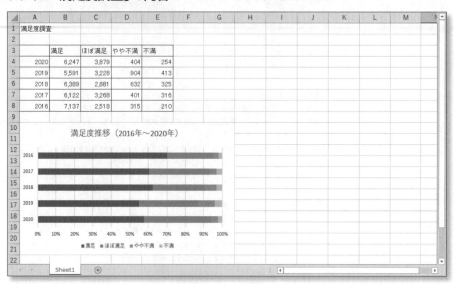

画像ファイルの内容

● dolphin

実技科目　ワンポイントアドバイス

第1章

第2章

第3章

第4章

第5章

模擬試験

付録1

付録2

索引

1　実技科目の注意事項

日商PC検定試験は、インターネットを介して実施され、受験者情報の入力から試験の実施まで、すべて試験会場のPCを操作して行います。また、実技科目では、日商PC検定試験のプログラム以外に、プレゼンソフトPowerPointを使って解答します。

原則として、試験会場には自分のPCを持ち込むことはできません。慣れない環境で失敗しないために、次のような点に気を付けましょう。

❶ PCの環境を確認する

試験会場によって、PCの環境は異なります。

現在、実技科目で使用できるPowerPointのバージョンは、2013、2016、2019のいずれかで、試験会場によって異なります。

また、PCの種類も、デスクトップ型やノートブック型など、試験会場によって異なります。ノートブック型のPCの場合には、キーボードにテンキーがないこともあるため、数字の入力に戸惑うかもしれません。試験を開始してから戸惑わないように、事前に試験会場のアプリケーションソフトのバージョンやPCの種類などを確認してから申し込むようにしましょう。

試験会場で席に着いたら、使用するPCの環境が申し込んだときの環境と同じであるか確認しましょう。

また、PowerPointは画面解像度によってリボンの表示が異なるので、試験会場のPCの画面解像度を事前に確認しておきましょう。普段から同じ画面解像度で学習しておくと、ボタンの場所を探しやすくなります。

❷ 受験者情報は正確に入力する

試験が開始されると、受験者の氏名や生年月日といった受験者情報の入力画面が表示されます。ここで入力した内容は、試験結果とともに受験者データとして残るので、正確に入力します。

また、氏名と生年月日は本人確認のもととなるとともにデジタル合格証にも表示されるので、入力を間違えないように十分注意しましょう。試験終了後に間違いに気付いた場合は、試験官にその旨を伝えて訂正してもらうようにしましょう。

これらの入力時間は試験時間に含まれないので、落ち着いて入力しましょう。

❸ 使用するアプリケーションソフト以外は起動しない

試験中は、指定されたアプリケーションソフト以外は起動しないようにしましょう。

指定のアプリケーションソフト以外のソフトを起動すると、試験プログラムが誤動作したり、正しい採点が行われなくなったりする可能性があります。

また、Microsoft EdgeやInternet Explorerなどのブラウザーを起動してインターネットに接続すると、試験の解答につながる情報を検索したと判断されることがあります。

試験中は指定されたアプリケーションソフト以外は起動しないようにしましょう。

2　実技科目の操作のポイント

実技科目の問題は、「職場の上司からの指示」が想定されています。その指示を達成するためにどのような機能を使えばよいのか、どのような手順で進めればよいのかを自分で考えながら解答する必要があります。

問題文をよく読んで、具体的にどのような作業をしなければならないのかを素早く判断する力が求められています。

解答を作成するにあたって、次のような点に気を付けましょう。

❶ プレゼン資料の全体像を理解する

試験が開始されたら、まずは問題文を一読します。問題文が表示される画面を全画面表示に切り替えると読みやすいでしょう。解答する前に、どのようなプレゼン資料を作ることが求められているのかという全体像を理解しておくと、解答しやすくなります。

※次の画面はサンプル問題です。実際の試験問題とは異なります。

問題文を全画面で表示

❷ 問題文に指示されていないことはしない

問題文に指示されていないのに、箇条書きやテキストボックスに余分な空白を入れたり、改行したり、読点を追加したりすると減点される可能性があります。指示されていないところは、勝手に変更しないようにしましょう。

また、見やすいからといって、指示されていないのにフォントサイズを変えたり、色を付けたりするのもやめましょう。問題文から読み取れる指示以外は、むやみに変更してはいけません。

図形やSmartArtを挿入して加工する場合も、問題文に指示されていない操作をしないように注意しましょう。図形を挿入するときは、種類、位置、向きなどに十分注意し、指示のない色の変更、枠線の加工、影の追加などはしないようにしましょう。

ただし、問題文に指示がないからといって、たとえば文章から箇条書きに変更する問題で、箇条書きに不要な接続詞が残ったままになっていたり、明らかに変更や修正が必要な箇所をそのままにしておいたりすると減点されることがあります。

❸ 元のファイルに記載されている項目にならって入力する

日付の表記（西暦や和暦）や時間の表記（12時間制や24時間制）は、元のファイルに従って同じ表記で入力します。異なる表記を混在させないようにしましょう。問題文で表記が指定されている場合は、その指示に従います。

❹ 半角と全角は混在させない

プレゼンテーション内で英数字は、半角と全角が混在していると減点される可能性があります。英数字は、半角か全角のどちらかに統一するようにします。半角と全角のどちらにそろえるかは、問題文に指示がなければ、元のファイルでどちらで入力されているかによって判断します。半角で入力されていれば半角、全角で入力されていれば全角で統一します。元のファイルに英数字がない場合、半角で統一しましょう。

❺ 図形のサイズを大幅に変更しない

元のファイルに用意されている図形のサイズは、問題文に変更する指示がなければ、サイズは変えないほうがよいでしょう。多少の変更は問題ありませんが、大幅にサイズを変えて、スライドのレイアウトが変わってしまうと採点に影響する可能性があります。誤ってサイズを変更してしまった場合は、 ↩ （元に戻す）などを利用して、元の状態に戻しておくとよいでしょう。

第1章

第2章

第3章

第4章

第5章

模擬試験

付録1

付録2

索引

❻ 図形を一から作成し直さない

図形を編集する指示がある場合、途中の操作を間違えたからといって一から図形を作り直すことはやめましょう。最初から作り直した図形は、採点されない可能性があります。

図形を編集する操作に不安がある場合は、編集前に指定のフォルダー内に別の名前でファイルを保存し、バックアップをとっておくことをお勧めします。もし、編集を間違えてしまい、図形を元の状態に戻せなくなったら、バックアップファイルを使って作成し直すとよいでしょう。

ただし、試験終了までには別名を付けて保存したバックアップファイルを消去しておきましょう。

❼ 見直しをする

時間が余ったら、必ず見直しをしましょう。ひらがなで入力しなければいけないのに、漢字に変換していたり、設問をひとつ解答し忘れていたりするなど、入力ミスや単純ミスで点を落としてしまうことも珍しくありません。確実に点を獲得するために、何度も見直して合格を目指しましょう。

❽ 指示どおりに保存する

作成したファイルは、問題文で指定された保存場所に、指定されたファイル名で保存します。保存先やファイル名を間違えてしまうと、解答ファイルがないとみなされ、採点されません。せっかく解答ファイルを作成しても、採点されないと不合格になってしまうので、必ず保存先とファイル名が正しいかを確認するようにしましょう。

ファイル名は、英数字やカタカナの全角や半角、英字の大文字や小文字が区別されるので、間違えないように入力します。また、ファイル名に余分な空白が入っている場合も、ファイル名が違うと判断されるので注意が必要です。

本試験では、時間内にすべての問題が解き終わらないこともあります。そのため、ファイルは最後に保存するのではなく、指定されたファイル名で最初に保存し、随時上書き保存するとよいでしょう。

Appendix

付録1
日商PC検定試験
の概要

日商PC検定試験「プレゼン資料作成」とは

1 目的

「日商PC検定試験」は、ネット社会における企業人材の育成・能力開発ニーズを踏まえ、企業実務でIT（情報通信技術）を利活用する実践的な知識、スキルの修得に資するとともに、個人、部門、企業のそれぞれのレベルでITを利活用した生産性の向上に寄与することを目的に、「文書作成」、「データ活用」、「プレゼン資料作成」の3分野で構成され、それぞれ独立した試験として実施しています。中でも「プレゼン資料作成」は、プレゼンソフトの利活用による実務能力の向上を図り、企業競争力の強化に資することを目的とし、主として商品・サービス等のプレゼン資料や、企画・提案書、会議資料等の作成、取り扱いを問う内容となっています。

2 受験資格

どなたでも受験できます。いずれの分野・級でも学歴・国籍・取得資格等による制限はありません。

3 試験科目・試験時間・合格基準等

級	知識科目	実技科目	合格基準
1級	30分（論述式）	60分	知識、実技の2科目とも70点以上（100点満点）で合格
2級	15分（択一式）	40分	
3級	15分（択一式）	30分	

4 試験方法

インターネットを介して試験の実施から採点、合否判定までを行う「ネット試験」で実施します。

※2級および3級は試験終了後、即時に採点・合否判定を行います。1級は答案を日本商工会議所に送信し、中央採点で合否を判定します。

5 受験料（税込み）

1級	2級	3級
10,480円	7,330円	5,240円

※上記受験料は、2021年9月現在（消費税10%）のものです。

6 試験会場

商工会議所ネット試験施行機関（各地商工会議所、および各地商工会議所が認定した試験会場）

7 試験日時

●1級	日程が決まり次第、検定試験ホームページ等で公開します。
●2級・3級	各ネット試験施行機関が決定します。

8 受験申込方法

検定試験ホームページで最寄りのネット試験施行機関を確認のうえ、直接お問い合わせください。

9 その他

試験についての最新情報および詳細は、検定試験ホームページでご確認ください。

検定試験ホームページ	https://www.kentei.ne.jp/

第1章
第2章
第3章
第4章
第5章
模擬試験
付録1
付録2
索引

「プレゼン資料作成」の内容と範囲

1　1級

与えられた情報を整理・分析するとともに、必要に応じて情報を入手し、明快で説得力の
あるプレゼン資料を作成することができる。

科目	内容と範囲
知識科目	○2、3級の試験範囲を修得したうえで、プレゼンの工程（企画、構成、資料作成、準備、実施）に関する知識を第三者に正確かつわかりやすく説明できる。 ○2、3級の試験範囲を修得したうえで、プレゼン資料の表現技術（レイアウト、デザイン、表・グラフ、図解、写真の利用、カラー表現等）に関する知識を第三者に正確かつわかりやすく説明できる。 ○プレゼン資料の作成、標準化、データベース化、管理等に関する実践的かつ応用的な知識を身に付けている。 等 （共通） ○企業実務で必要とされるハードウェア、ソフトウェア、ネットワークに関し、第三者に正確かつわかりやすく説明できる。 ○ネット社会に対応したデジタル仕事術を理解し、自社の業務に導入・活用できる。 ○インターネットを活用した新たな業務の進め方、情報収集・発信の仕組みを提示できる。 ○複数のプログラム間での電子データの相互運用が実現できる。 ○情報セキュリティーやコンプライアンスに関し、社内で指導的立場となれる。 等
実技科目	○目的を達成するために最適なプレゼンの企画・構成を行い、これに基づきストーリーを展開し説得力のあるプレゼン資料を作成できる。 ○与えられた情報を整理・分析するとともに、必要に応じて社内外のデータベースから目的に適合する必要な資料、文書、データを検索・入手し、適切なプレゼン資料を作成できる。 ○図解技術、レイアウト技術、カラー表現技術等を駆使して、高度なビジュアル表現によりわかりやすいプレゼン資料を効率よく作成できる。 等

与えられた情報を整理・分析し、図解技術やレイアウト技術、カラー表現技術等を用いて、適切でわかりやすいプレゼン資料を作成することができる。

科目	内容と範囲
知識科目	○プレゼンの工程（企画、構成、資料作成、準備、実施）に関する実践的な知識を身に付けている。 ○プレゼン資料の表現技術（レイアウト、デザイン、表・グラフ、図解、写真の利用、カラー表現等）に関する実践的な知識を身に付けている。 ○プレゼン資料の管理（ファイリング、共有化、再利用）について実践的な知識を身に付けている。 <div align="right">等</div>
	（共通） ○企業実務で必要とされるハードウェア、ソフトウェア、ネットワークに関する実践的な知識を身に付けている。 ○業務における電子データの適切な取り扱い、活用について理解している。 ○ソフトウェアによる業務データの連携について理解している。 ○複数のソフトウェア間での共通操作を理解している。 ○ネットワークを活用した効果的な業務の進め方、情報収集・発信について理解している。 ○電子メールの活用、ホームページの運用に関する実践的な知識を身に付けている。 <div align="right">等</div>
実技科目	○プレゼンの工程（企画、構成、資料作成、準備、実施）を理解し、ストーリー展開を踏まえたプレゼン資料を作成できる。 ○与えられた情報を整理・分析し、目的に応じた適切なプレゼン資料を作成できる。 ○企業実務で必要とされるプレゼンソフトの機能を理解し、操作法にも習熟している。 ○図解技術、レイアウト技術、カラー表現技術等を用いて、わかりやすいプレゼン資料を作成できる。 ○作成したプレゼン資料ファイルを目的に応じ分類、保存し、業務で使いやすいファイル体系を構築できる。 <div align="right">等</div>

※本書で学習できる範囲は、表の網かけ部分となります。

3　3級

指示に従い、プレゼン資料の雛形や既存の資料を用いて、正確かつ迅速にプレゼン資料を作成することができる。

科目	内容と範囲
知識科目	○プレゼンの工程（企画、構成、資料作成、準備、実施）に関する基本知識を身に付けている。 ○プレゼン資料の表現技術（レイアウト、デザイン、表・グラフ、図解、写真の利用、カラー表現等）について基本的な知識を身に付けている。 ○プレゼン資料の管理（ファイリング、共有化、再利用）について基本的な知識を身に付けている。 <div align="right">等</div>
	（共通） ○ハードウェア、ソフトウェア、ネットワークに関する基本的な知識を身に付けている。 ○ネット社会における企業実務、ビジネススタイルについて理解している。 ○電子データ、電子コミュニケーションの特徴と留意点を理解している。 ○デジタル情報、電子化資料の整理・管理について理解している。 ○電子メール、ホームページの特徴と仕組みについて理解している。 ○情報セキュリティー、コンプライアンスに関する基本的な知識を身に付けている。 <div align="right">等</div>
実技科目	○プレゼンの工程（企画、構成、資料作成、準備、実施）を理解し、指示に従い正確かつ迅速にプレゼン資料を作成できる。 ○プレゼン資料の基本的な雛形や既存のプレゼン資料を活用して、目的に応じて新たなプレゼン資料を作成できる。 ○企業実務で必要とされるプレゼンソフトの基本的な機能を理解し、操作法の基本を身に付けている。 ○作成したプレゼン資料に適切なファイル名を付け保存するとともに、日常業務で活用しやすく整理分類しておくことができる。 <div align="right">等</div>

試験実施イメージ

試験開始ボタンをクリックすると、試験センターから試験問題がダウンロードされ、試験開始となります。（試験問題は受験者ごとに違います。）

試験は、知識科目、実技科目の順に解答します。

知識科目では、上部の問題を読んで下部の選択肢のうち正解と思われるものを選びます。解答に自信がない問題があったときは、「**見直しチェック**」欄をクリックすると「**解答状況**」の当該問題番号に色が付くので、あとで時間があれば見直すことができます。

【参考】知識科目

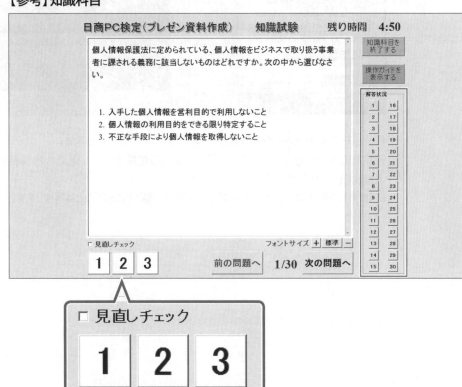

知識科目を終了すると、実技科目に移ります。試験問題で指定されたファイルを呼び出して（アプリケーションソフトを起動）、答案を作成します。

【参考】実技科目

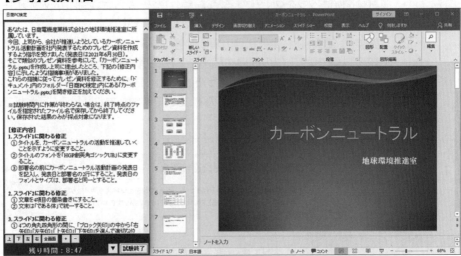

作成した答案を試験問題で指定されたファイル名で保存します。

答案（知識、実技両科目）はシステムにより自動採点され、得点と合否結果（両科目とも70点以上で合格）が表示されます。

※【参考】の問題はすべてサンプル問題のものです。実際の試験問題とは異なります。

Appendix

付録2

1級
サンプル問題

答案は、（マイ）ドキュメントの指定のフォルダーにある答案用紙「答案.pptx」に作成し、上書き保存すること（答案用紙以外に保存した答案は採点対象外となる）。

知識科目の2題については、必ず答案用紙の最後（実技科目の後）に持ってくること。スライドのデザイン（テーマ）は実技科目と同じでよい。また、知識科目を解答したスライドのスライド番号は実技科目と連続したものでよい。なお、氏名、生年月日を指定の欄に必ず入力すること。

試験時間は知識科目、実技科目あわせて90分（科目ごとの時間の区切りはないが、知識科目は30分、実技科目は60分を目安に、時間配分には十分気を付けること）。

> 解答を終了して答案を送信する際には、答案用紙など使用したファイルおよびフォルダーは、必ずすべて閉じてから「答案送信」を押してください。ファイルおよびフォルダーを閉じずに「答案送信」を押すと答案が正常に送信されず、採点できない場合があります。

※指定のフォルダーは、ダウンロード後に解凍したフォルダーになります。

知識科目

問題1

次の2つの設問から1つを選んで解答しなさい。答案は、答案用紙の1枚目に作成すること。なお、どちらの設問に解答するかを示すため、問題番号のとなりの（　　）欄にAまたはBを入力すること。

A 仕事の生産性を上げるにはデジタル情報の整理が不可欠であり、ファイルやフォルダーの名付け方が重要なポイントと言える。ファイル名とフォルダー名の付け方について、200～300字程度で説明しなさい。

B 企業ではテレワークの導入が進んできており、その際にクラウドサービスを利用することが多くなっている。クラウドサービスのメリットを「一元管理」という言葉も使用して、200～300字程度で説明しなさい。

問題2

次の2つの設問から1つを選んで解答しなさい。答案は、答案用紙の2枚目に作成すること。なお、どちらの設問に解答するかを示すため、問題番号のとなりの（　　）欄にAまたはBを入力すること。

A 図解におけるマトリックス図と座標図の違いについて、200～300字で説明しなさい。

B プレゼンの本論展開における演繹法と帰納法の違いについて、200～300字で説明しなさい。

問題3

あなたは、日商グリーン・ワールド株式会社の企画部に所属しています。同社では、森や林の木々と生物を観察できるグリーンエコパークを運営しています。企画部では来場者が増加するよう、新たな企画を検討しています。あなたは先輩と「森でワクワクプロジェクト」を発足し、森の生態系を楽しみながら学ぶイベントを企画し、プレゼン資料を作成することになりました。答案用紙「答案.pptx」の知識科目を解答した2枚のスライドの前に、以下4種類の資料を使いながら、「作成方針」に従ってプレゼン資料を作成してください。

- 2021年秋期調査結果.xlsx
- グリーンエコパーク運営資料.docx
- 「資料画像」フォルダー
- グリーン.potx

※試験時間内に作業が終わらない場合であっても、当該作業途中のファイルを、指定された方法で保存してから終了してください。保存された結果のみが採点対象になります。

【作成方針】

全体

- デザインテンプレートとして「グリーン.potx」を適用させる。
- スライドの配色を「青」に変更する。
- すべてのスライドのフォントを「游ゴシック」に変更する。
- タイトル以外のすべてのスライドに番号を挿入する。
- 全スライド作成後、スライドの順番を、「データやアンケート、方針を示し、具体的な提案をする」という流れに沿って見直し、必要に応じて順番を入れ替える。また、プレゼンで画面が左上から右下に表示されるような効果を全スライドに適用させる。

表紙の作成

- タイトルスライドを作成する。
  - タイトルは、「森で遊ぼう！学ぼう！イベント提案書」とする。
  - タイトルは2行で表示する。
  - 表紙のスライドに、「資料画像」フォルダーに入っている木の画像を挿入し、高さ6cmに大きさを調整。「楕円　ぼかし」のスタイルを設定して、タイトルの上、スライドの左右中央に配置する。
  - 日付（2021年11月1日）とプロジェクトチーム名を2行でサブタイトルに入力する。

「2021年秋期調査結果.xlsx」の使い方

- この資料を使って箇条書きと表でスライドを作成する。
  - タイトルは「来園理由調査」とする。
  - 調査期間、調査対象、有効回答数を箇条書きで記入する。
  - 表は、回答した人数の多い順に並べ替え、さらに右端に合計の欄、左端に順位の欄を追加して表示する。
  - スライド全体のイメージにあった色にし、数値は右揃えにする。

第1章　第2章　第3章　第4章　第5章　模擬試験　付録1　付録2　索引

「グリーンエコパーク運営資料.docx」の使い方

● 「グリーンエコパーク運営資料」を使い、ロジカルシンキングの手法のひとつである4P分析によるグリーンエコパークの魅力と強みを図解したスライドを作成する。4P分析とは、次の4つの「P」で整理することで、企業や地域が持つ力を分析する手法である。たとえば「Price　無料の公開講座」というように表現する。他の要素についても、資料の文章を読み、図解すること。

> Place（地域）
> Product（製品やサービス）
> Price（価格）
> Promotion（販売促進）

- 全体を表すキーワードは「自然を学んで楽しむ」とする。
- スライドタイトルは「グリーンエコパークの魅力と強み」とする。

● 「グリーンエコパーク運営資料」の中の「月別来園者数」の表をもとにして、グラフの入ったスライドを作成する。2019年度と2020年度の来場者数の推移がわかるような縦棒グラフを作成する。
- グラフタイトルは「2019-2020年度来園者数」とする。
- グラフのスタイルは「スタイル6」に変更する。
- グラフにデータラベルを表示し、数値が重ならないように位置を調整する。
- スライドタイトルは「グリーンエコパーク来園者数」とする。

その他

● 「森をもっと学ぼう」イベントを提案するスライドを作成する。
- 以下の内容を4項目、2階層の箇条書きに整理する。文末は体言止めにする。
  5月は、「若葉を楽しむ」をテーマに、若葉の形と色を分類する
  10月は、「紅葉の仕組みを学ぼう」をテーマに、紅葉する仕組みを学び、森の1年を振り返る
  12月は、「木の実で飾ろう」をテーマに、木の実を観察し、落ちている木の実を使ったミニリースを作成する
  2月は、「針葉樹の森を歩こう」をテーマに、針葉樹の種類を解説する
- スライドタイトルは「森をもっと学ぼう！イベント案」とする。

● 「木の実で飾ろう」イベントの具体的な内容を提示するスライドを作成する。
- 以下の内容を、2階層の箇条書きに整理する。文末は体言止めにする。
  木の実を観察しよう。木の実を形や色で分類したり、風や鳥が運ぶ木の実を紹介したりする。
  ミニリースづくり。木の実をアレンジしたり、長持ちさせる工夫をする。
- 「資料画像」フォルダーから、木の実の写真を挿入し、文字にかからないように大きさを調整して、右下に配置する。「メタル　フレーム」の効果を付ける。
- スライドタイトルは「「木の実で飾ろう」イベントの内容案」とする。

● まとめのスライドを作成する。
- 左右に2つの要素を並べたレイアウトのスライドを選び、以下の指示に従って、左に箇条書き、右にイラストを入れる。
- 以下の内容を、2つの項目の箇条書きに整理する。文末は「である体」にする。
  「年間を通したグリーンエコパークのイベントで来園者を増加させ、2022年度は20%増を目指します」
- 「資料画像」フォルダーから、業績アップのイラストを挿入する。イラストの下に「来園者アップ！」と文字を挿入する。
- スライドタイトルは「イベントで来園者増加！」とする。

Index

索引

Index 索引

索引

第1章
第2章
第3章
第4章
第5章
模擬試験
付録1
付録2
索引

よくわかるマスター

日商PC検定試験 プレゼン資料作成 2級
公式テキスト＆問題集
Microsoft® PowerPoint® 2019/2016 対応
（FPT2106）

2021年11月22日　初版発行

©編者：日本商工会議所　IT活用能力検定研究会

発行者：青山　昌裕

発行所：FOM出版（株式会社富士通ラーニングメディア）
　　　　〒144-8588 東京都大田区新蒲田1-17-25
　　　　https://www.fom.fujitsu.com/goods/

印刷／製本：株式会社広済堂ネクスト

表紙デザインシステム：株式会社アイロン・ママ

緑色の用紙の内側に、別冊「解答と解説」が添付されています。

別冊は必要に応じて取りはずせます。取りはずす場合は、この用紙を1枚めくっていただき、別冊の根元を持って、ゆっくりと引き抜いてください。

日本商工会議所

日商PC検定試験 プレゼン資料作成2級 公式テキスト&問題集

Microsoft® PowerPoint® 2019/2016対応

解答と解説

Answer 確認問題 解答と解説

第1章　プレゼンの基本

知識科目

■問題1

解答 **3** プレゼン資料作成力には、表現力、図表作成力、データ作成力がある。

解説 プレゼン資料作成力に含まれるものは、表現力（内容が伝わりやすい表現、カラーの理論に基づく表現）、図表作成力（図解やグラフ、表の作成技術）、データ作成力（PowerPointやExcelの操作、データの流用や画像に関する知識）です。

■問題2

解答 **3** pptx

解説 「ppt」は、PowerPoint 97-2003形式で作成されたプレゼンテーションの拡張子であり、「potx」はPowerPointテンプレートの拡張子です。

■問題3

解答 **2** 客観的なデータに基づいてプレゼン資料を作成する。

■問題4

解答 **3** 聞き手によって話し方を変えることができる。

■問題5

解答 **1** 企画力、論理力、プレゼン資料作成力、プレゼン実施力が求められる。

知識科目

問題1

解答 **2** 何に関するプレゼンかを明確にしたものである。

解説 何に関するプレゼンかを明確にしたものが、プレゼンの主題です。「1」は、プレゼンの目的になります。「3」は、プレゼンのシナリオについて記述した文です。

問題2

解答 **1** What、Why、Who、Where、When、How、How much

解説 5W2Hの「2H」は、How（どのように行うのか、使用できる機器は何か）とHow much（予算はどれくらいかかるのか、効果はどれくらい見込めるのか）であり、How far（どれくらい）やHow long（期間、期限）ではありません。

問題3

解答 **1** プレゼンの内容に対して、最終的な決定権を持つ人をいう。

解説 キーパーソンは、プレゼンの内容に対して最終的な決定権を持つ人を指します。地位の高い人とは限りません。また、主題に対して詳しい人とも限りません。

問題4

解答 **1** 序論とまとめの中で述べる。

解説 プレゼンの序論、本論、まとめの中で、一般的に結論を述べるのは序論とまとめの中であり、本論の中だけとか序論の中だけということはありません。

問題5

解答 **3** 出席者に関する情報

解説 プレゼンプランシートにプレゼンの出席者に関する情報は記入しますが、会場までの道順やゴールに対する阻害要因は一般的には記入しません。

問題6

解答 **3** 複数の事例をもとに結論を導き出すという展開をする。

解説 「1」は因果関係でまとめる方法であり、「2」は演繹法と呼ばれる展開の仕方になります。複数の事例から結論を導き出す「3」が、帰納法と呼ばれる展開の仕方です。

確認問題

第1回

第2回

第3回

採点シート

付録2

実技科目

完成例

●スライド1

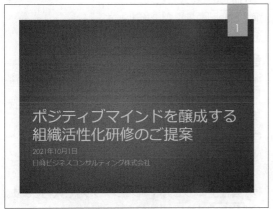

●スライド2

●スライド3

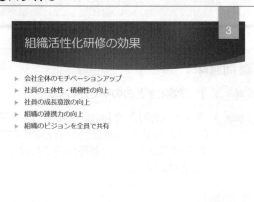

●スライド4

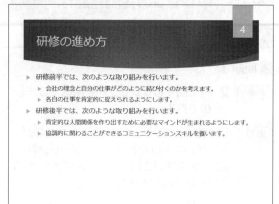

●スライド5

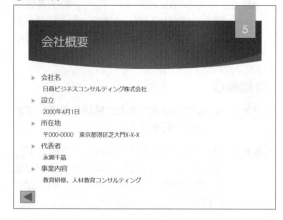

操作手順

1 タイトルスライドに関わる修正

❶

①スライド1を選択します。

②「組織活性化研修のご提案」の前にカーソルを移動します。

③「ポジティブマインドを醸成する」と入力します。

④ Enter を押して、改行します。

❷

①「日商ビジネスコンサルティング株式会社」の前にカーソルを移動します。

②「2021年10月1日」と入力します。

③ Enter を押して、改行します。

2 スライド3からスライド5に関わる操作

❶

①《表示》タブを選択します。

②《プレゼンテーションの表示》グループの　（アウトライン表示）をクリックします。

③アウトラインの末尾の「…と確信しています。」の後ろにカーソルを移動します。

④ Enter を押して、改行します。

⑤《ホーム》タブを選択します。

⑥《段落》グループの　（インデントを減らす）をクリックします。

⑦「組織活性化研修の効果」と入力します。

⑧ Enter を押して、改行します。

⑨「研修の進め方」と入力します。

⑩ Enter を押して、改行します。

⑪「会社概要」と入力します。

❷

①アウトラインの「3　組織活性化研修の効果」の後ろにカーソルを移動します。

② Enter を押して、改行します。

③《ホーム》タブを選択します。

④《段落》グループの　（インデントを増やす）をクリックします。

⑤「会社全体のモチベーションアップ」と入力します。

⑥ Enter を押して、改行します。

⑦同様に、そのほかの箇条書きを入力します。

❸

①アウトラインの「4　研修の進め方」の後ろにカーソルを移動します。

②[Enter]を押して、改行します。

③《ホーム》タブを選択します。

④《段落》グループの■（インデントを増やす）をクリックします。

⑤「研修前半では、次のような取り組みを行います。」と入力します。

⑥[Enter]を押して、改行します。

⑦《段落》グループの■（インデントを増やす）をクリックします。

⑧「会社の理念と自分の仕事がどのように結び付くのかを考えます。」と入力します。

⑨[Enter]を押して、改行します。

⑩「各自の仕事を肯定的に捉えられるようにします。」と入力します。

⑪[Enter]を押して、改行します。

⑫《段落》グループの■（インデントを減らす）をクリックします。

⑬同様に、そのほかの箇条書きを入力します。

❹

①アウトラインの「5　会社概要」の後ろにカーソルを移動します。

②[Enter]を押して、改行します。

③《ホーム》タブを選択します。

④《段落》グループの■（インデントを増やす）をクリックします。

⑤「会社名」と入力します。

⑥[Enter]を押して、改行します。

⑦《段落》グループの■（インデントを増やす）をクリックします。

⑧「日商ビジネスコンサルティング株式会社」と入力します。

⑨[Enter]を押して、改行します。

⑩《段落》グループの■（インデントを減らす）をクリックします。

⑪同様に、そのほかの箇条書きを入力します。

⑫「日商ビジネスコンサルティング株式会社」内にカーソルを移動します。

※箇条書き内であれば、どこでもかまいません。

⑬《段落》グループの■（箇条書き）をクリックします。

※行頭文字が解除されます。

⑭「2000年4月1日」内にカーソルを移動します。

⑮[F4]を押します。

※[F4]は、直前の操作を繰り返します。

⑯同様に、その他の2階層目の箇条書きの行頭文字を解除します。

3　全スライドに関わる設定

❶❷

①スライド5が選択されていることを確認します。

②《挿入》タブを選択します。

③《図》グループの■（図形）をクリックします。

④《動作設定ボタン》の◁（動作設定ボタン：戻る/前へ）をクリックします。

⑤スライドの左下で、始点から終点までドラッグします。

⑥《マウスのクリック》タブを選択します。

⑦《ハイパーリンク》を◉にします。

⑧∨をクリックし、一覧から《スライド…》を選択します。

⑨《スライドタイトル》の一覧から「2.ご提案の主旨」を選択します。

⑩《OK》をクリックします。

⑪《OK》をクリックします。

⑫同様に、スライド2に動作設定ボタンを挿入します。

❸

①《ファイル》タブを選択します。

②《名前を付けて保存》をクリックします。

③《参照》をクリックします。

④ファイルを保存する場所を選択します。

※《ＰＣ》→《ドキュメント》→「日商ＰＣ　プレゼン2級 PowerPoint2019／2016」→「第2章」を選択します。

⑤《ファイル名》に「組織活性化研修のご提案 第2章（完成）」と入力します。

⑥《保存》をクリックします。

確認問題

第1回

第2回

第3回

採点シート

付録2

知識科目

■問題1

解答 **1** MSPゴシック

解説 MSPゴシックは、プレゼンで最も一般的に使われるフォントです。MS明朝やHG正楷書体は、プレゼンではほとんど使われません。

■問題2

解答 **3** カラーパレットの❸の色を使う。

解説 4色のうち3色は比較的近い色相であり、❸の1色だけほかの3色とは異なる色相になっているので、アクセントカラーとして使うのであればこの色が効果的です。

■問題3

解答 **1** HSLカラーモデルのHは赤、Sは緑、Lは青を指している。

解説 HSLカラーモデルの「色合い」は色相（H）、「鮮やかさ」は彩度（S）、「明るさ」は明度（L）を指しています。色合いは、「0～255」の値を変化させることで、256段階の色相を表現できます。
もう1つのカラーモデルはRGBであり、光の三原色（R：赤、G：緑、B：青）を基準の色としてさまざまな色を表現します。

■問題4

解答 **3** フレームワークとして使えるSmartArtがいくつか用意されている。

解説 SmartArtには数多くの図解パターンが用意されていますが、すべての図解に対応できるわけではありません。SmartArtには、PDCA、3C、4Pなど、フレームワークとして使える図解パターンがいくつかあります。また、SmartArtを組み合わせて用途を拡大することは可能です。

■問題5

解答 **2** 目立つ必要がない図形に無彩色を使って、相対的にカラーの部分を目立たせることができる。

解説 無彩色であるグレーを補足的な箇所や特別な性格を持たない中性的な性格を持った箇所に使うと、相対的に色を付けた箇所が目立ちます。色数を抑えたいときも効果的に使えます。

■問題6

解答 **1** マトリックス図は、縦軸・横軸をそれぞれ2分割して作った4つのマス目に、キーワードなどを配置して作る。

解説 縦軸・横軸を2分割して作った4つのマス目に、キーワードなどを配置して作ったものがマトリックス図であり、縦軸・横軸に変数は使いません。マス目に配置する要素の相対的な位置関係や微妙な違いの表現には、座標図が使われます。

実技科目

完成例

●スライド4

●スライド5

●スライド6

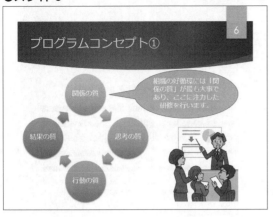

●スライド7

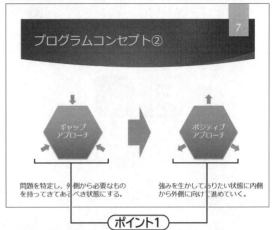

●スライド8

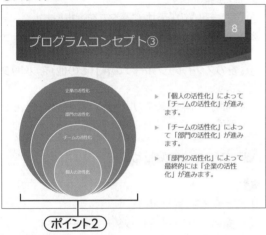

●スライド9

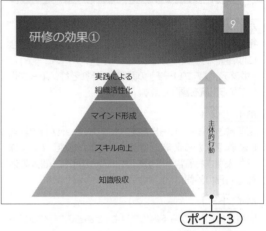

●スライド10

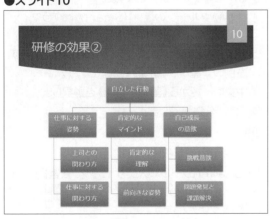

●スライド11

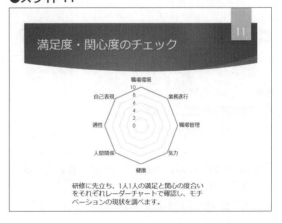

確認問題

第1回

第2回

第3回

採点シート

付録2

●スライド12

満足度・関心度のポートフォリオ 12

レーダーチャートの結果から、満足度と関心度のマトリックスによって、職場ごとの満足度・関心度ポートフォリオを作成し、取り組みの「見える化」を図ります。

●スライド13

研修の評価 13

組織活性化研修アンケート結果（同規模企業5社）

 解答のポイント

ポイント1

複数の基本図形を1つのまとまりとして扱いたい場合には、図形をグループ化します。「ギャップアプローチ」と「ポジティブアプローチ」の図解は、それぞれグループ化してから配置を調整します。

ポイント2

箇条書きからキーワードを抜き出して、SmartArtで表現します。個人から企業に、徐々に活性化が拡張していく様子が表現されるようにするには、円の中心に「個人の活性化」、円の外側に「企業の活性化」を配置します。

ポイント3

問題文に「上端から下端に向けて」とあるので、グラデーションの方向は「下方向」に設定します。

操作手順

1 スライド4に関わる修正

❶

①スライド4を選択します。

②SmartArtを選択します。

③《SmartArtツール》の《デザイン》タブを選択します。

④《SmartArtのスタイル》グループの （色の変更）をクリックします。

⑤《アクセント3》の《塗りつぶし-アクセント3》をクリックします。

⑥《SmartArtのスタイル》グループの （その他）をクリックします。

⑦《ドキュメントに最適なスタイル》の《グラデーション》をクリックします。

2 スライド5に関わる修正

❶

①スライド5を選択します。

---

②表を選択します。

③《表ツール》の《デザイン》タブを選択します。

※お使いの環境によっては、《デザイン》が《テーブルデザイン》と表示される場合があります。

④《表のスタイル》グループの （その他）をクリックします。

⑤《中間》の《中間スタイル1-アクセント3》をクリックします。

3 スライド6に関わる修正

❶

①スライド6を選択します。

②箇条書きのプレースホルダーを選択します。

③《ホーム》タブを選択します。

④《段落》グループの （SmartArtグラフィックに変換）をクリックします。

⑤《その他のSmartArtグラフィック》をクリックします。

⑥左側の一覧から《循環》を選択します。

⑦中央の一覧から《基本の循環》を選択します。

⑧《OK》をクリックします。

❷

①SmartArtを選択します。

②《SmartArtツール》の《デザイン》タブを選択します。

③《SmartArtのスタイル》グループの （色の変更）をクリックします。

④《カラフル》の《カラフル-アクセント2から3》をクリックします。

⑤《SmartArtのスタイル》グループの （その他）をクリックします。

⑥《ドキュメントに最適なスタイル》の《グラデーション》をクリックします。

❸

①SmartArtを選択します。

②《ホーム》タブを選択します。

③《フォント》グループの 16+ ▾ （フォントサイズ）の
　▾ をクリックし、一覧から《18》を選択します。

❹

①《挿入》タブを選択します。
②《図》グループの [図] （図形）をクリックします。
③ 2019
　《吹き出し》の ○ （吹き出し：円形）をクリックします。
　 2016
　《吹き出し》の ○ （円形吹き出し）をクリックします。
※お使いの環境によっては、「円形吹き出し」が「吹き出
　し：円形」と表示される場合があります。
④「関係の質」の図形の右側で、始点から終点までド
　ラッグします。
⑤円形吹き出しの黄色の○ （ハンドル）をドラッグし
　て、先端部分を「関係の質」の図形に向けます。
⑥円形吹き出しが選択されていることを確認します。
⑦「組織の好循環には「関係の質」が最も大事であり、
　ここに注力した研修を行います。」と入力します。
⑧円形吹き出しの位置とサイズを調整します。

❺

①《挿入》タブを選択します。
②《画像》グループの [図] （図）をクリックします。
※お使いの環境によっては、「図」が「画像を挿入します」
　と表示される場合があります。「画像を挿入します」と表
　示された場合は、《このデバイス》をクリックします。
③《ドキュメント》をクリックします。
④「日商PC プレゼン2級 PowerPoint2019／
　2016」をダブルクリックします。
⑤「第3章」をダブルクリックします。
⑥一覧から「研修」を選択します。
⑦《挿入》をクリックします。
⑧画像の位置とサイズを調整します。

4　スライド7に関わる修正

❶

①スライド7を選択します。
②「ギャップアプローチ」の図形を選択します。
③《書式》タブを選択します。
※お使いの環境によっては、《書式》が《図形の書式》と表
　示される場合があります。
④《図形のスタイル》グループの ▾ （その他）をクリッ
　クします。
⑤《グラデーション-青、アクセント4》をクリックします。
⑥「ポジティブアプローチ」の図形を選択します。
⑦《図形のスタイル》グループの ▾ （その他）をクリッ
　クします。
⑧《グラデーション-オレンジ、アクセント3》をクリッ
　クします。

❷

①左側の図解がすべて囲まれるように、左上から右
　下までドラッグします。
※ドラッグした範囲内に完全に含まれる図形が、まとめて
　選択できます。
②《書式》タブを選択します。
※お使いの環境によっては、《書式》が《図形の書式》と表
　示される場合があります。
③《配置》グループの [図] （オブジェクトのグループ
　化）をクリックします。
④《グループ化》をクリックします。
⑤同様に、右側の図解をグループ化します。
⑥左側の図解を選択します。
⑦ Shift を押しながら、中央の矢印と右側の図解
　を選択します。
⑧《配置》グループの [←] ▾ （オブジェクトの配置）をク
　リックします。
⑨《上下中央揃え》をクリックします。
⑩《配置》グループの [←] ▾ （オブジェクトの配置）をク
　リックします。
⑪《左右に整列》をクリックします。

❸❹

①《挿入》タブを選択します。
②《テキスト》グループの [A] （横書きテキストボック
　スの描画）をクリックします。
③テキストボックスの開始位置でクリックします。
④「問題を特定し、外側から必要なものを持ってき
　てあるべき状態にする。」と入力します。
⑤テキストボックスの位置とサイズを調整します。
⑥同様に、右側の図解の下側にテキストボックスを
　挿入します。

5　スライド8に関わる修正

❶

①スライド8を選択します。
②《挿入》タブを選択します。
③《図》グループの [SmartArt] （SmartArtグラ
　フィックの挿入）をクリックします。
④左側の一覧から《集合関係》を選択します。
⑤中央の一覧から《包含型ベン図》を選択します。
⑥《OK》をクリックします。
⑦SmartArtが選択され、テキストウィンドウが表示
　されていることを確認します。
※テキストウィンドウが表示されていない場合は、
　《SmartArtツール》の《デザイン》タブ→《グラフィッ
　クの作成》グループの [テキスト ウィンドウ] （テキストウィンド
　ウ）をクリックします。

確認問題

第1回

第2回

第3回

採点シート

付録2

⑧テキストウィンドウの1行目に「企業の活性化」と入力します。

⑨2行目に「部門の活性化」と入力します。

⑩3行目に「チームの活性化」と入力します。

⑪4行目に「個人の活性化」と入力します。

⑫SmartArtの位置とサイズを調整します。

❷

①SmartArtを選択します。

②《SmartArtツール》の《デザイン》タブを選択します。

③《SmartArtのスタイル》グループの（色の変更）をクリックします。

④《アクセント3》の《グラデーション-アクセント3》をクリックします。

⑤《SmartArtのスタイル》グループの（その他）をクリックします。

⑥《ドキュメントに最適なスタイル》の《白枠》をクリックします。

6　スライド9に関わる修正

❶

①スライド9を選択します。

②SmartArtを選択します。

③《SmartArtツール》の《デザイン》タブを選択します。

④《SmartArtのスタイル》グループの（色の変更）をクリックします。

⑤《アクセント3》の《グラデーション-アクセント3》をクリックします。

⑥《SmartArtのスタイル》グループの（その他）をクリックします。

⑦《ドキュメントに最適なスタイル》の《白枠》をクリックします。

❷

①上向き矢印を右クリックします。

②《図形の書式設定》をクリックします。

③《図形のオプション》の（塗りつぶしと線）をクリックします。

④《塗りつぶし》の詳細を表示します。

※詳細が表示されていない場合は、《塗りつぶし》をクリックします。

⑤《塗りつぶし（グラデーション）》を◉にします。

⑥《方向》の（方向）をクリックし、一覧から《下方向》を選択します。

⑦《グラデーションの分岐点》の一番左の（分岐点1/4）をクリックします。

⑧《位置》が「0%」になっていることを確認します。

⑨《色》の（色）をクリックし、一覧から《標準の色》の《オレンジ》を選択します。

⑩《透明度》が「0%」に設定されていることを確認します。

⑪《グラデーションの分岐点》の左から2番目の（分岐点2/4）をクリックします。

⑫（グラデーションの分岐点を削除します）をクリックします。

⑬同様に、《グラデーションの分岐点》の中央の（分岐点2/3）を削除します。

⑭《グラデーションの分岐点》の一番右の（分岐点2/2）をクリックします。

⑮《位置》が「100%」になっていることを確認します。

⑯《色》の（色）をクリックし、一覧から《標準の色》の《オレンジ》を選択します。

⑰《透明度》を「80%」に設定します。

⑱《図形の書式設定》作業ウィンドウの（閉じる）をクリックします。

7　スライド10に関わる修正

❶

①スライド10を選択します。

②2階層目の一番左にある「仕事に対する姿勢」の図形を選択します。

③《SmartArtツール》の《デザイン》タブを選択します。

④《グラフィックの作成》グループの（組織図レイアウト）をクリックします。

⑤《右に分岐》をクリックします。

⑥2階層目の中央にある「肯定的なマインド」の図形を選択します。

⑦F4を押します。

⑧2階層目の一番右にある「自己成長の意欲」の図形を選択します。

⑨F4を押します。

8　スライド11からスライド12に関わる修正

❶

①スライド11を選択します。

②《ホーム》タブを選択します。

③《スライド》グループの（新しいスライド）のをクリックします。

④《選択したスライドの複製》をクリックします。

⑤スライド11を選択します。

⑥スライドの右側にあるマトリックス図と説明文を選択します。

⑦Deleteを押します。

⑧レーダーチャートとテキストボックスの位置とサイズを調整します。

⑨同様に、スライド12の内容を修正します。

❷❸

①スライド11を選択します。

②タイトルを「満足度・関心度のチェック」に修正します。

③テキストボックスを選択します。

④《ホーム》タブを選択します。

⑤《フォント》グループの 12 ▾ (フォントサイズ)の ▾ をクリックし、一覧から《18》を選択します。

⑥テキストボックスの位置とサイズを調整します。

⑦同様に、スライド12のタイトルとテキストボックスを修正します。

9 スライド13に関わる操作

❶

①スライド12を選択します。

②《ホーム》タブを選択します。

③《スライド》グループの 📄 (新しいスライド)の 新しいスライド▾ をクリックします。

④《タイトルのみ》を選択します。

❷

①《タイトルを入力》をクリックし、「研修の評価」と入力します。

※お使いの環境によっては、「タイトルを入力」が「ダブルタップしてタイトルを入力」と表示される場合があります。

❸

①Excelのファイル「研修の評価」を開きます。

②グラフを選択します。

③《ホーム》タブを選択します。

④《クリップボード》グループの 📋 (コピー)をクリックします。

⑤PowerPointに切り替えます。

⑥スライド13を選択します。

⑦《ホーム》タブを選択します。

⑧《クリップボード》グループの 📋 (貼り付け)の 貼り付け▾ をクリックします。

⑨ 📋 (貼り付け先のテーマを使用しブックを埋め込む)をクリックします。

⑩グラフの位置とサイズを調整します。

❹

①グラフエリアを選択します。

※グラフ上をポイントし、ポップヒントに「グラフエリア」と表示されたら、クリックします。

②《ホーム》タブを選択します。

③《フォント》グループの 10 ▾ (フォントサイズ)の ▾ をクリックし、一覧から《14》を選択します。

※グラフ以外の場所をクリックしておきましょう。

❺

①《挿入》タブを選択します。

②《図》グループの 🔷 (図形)をクリックします。

③ **2019**
《星とリボン》の ⭐ (星:12pt)をクリックします。

2016
《星とリボン》の ⭐ (星12)をクリックします。

※お使いの環境によっては、「星12」が「星:12pt」と表示される場合があります。

④グラフの中央で、始点から終点までドラッグします。

⑤図形が選択されていることを確認します。

⑥「「満足」と「ほぼ満足」を合わせた平均が90%」と入力します。

⑦図形を右クリックします。

⑧《図形の書式設定》をクリックします。

※グラフを選択して図形を作成した場合は、《オブジェクトの書式設定》をクリックします。

⑨《図形のオプション》の 🔶 (塗りつぶしと線)をクリックします。

⑩《塗りつぶし》の詳細を表示します。

※詳細が表示されていない場合は、《塗りつぶし》をクリックします。

⑪《塗りつぶし(単色)》を ⦿ にします。

⑫《色》の 🎨▾ (塗りつぶしの色)をクリックし、一覧から《標準の色》の《赤》を選択します。

⑬《透明度》を「50%」に設定します。

⑭《線》の詳細を表示します。

※詳細が表示されていない場合は、《線》をクリックします。

⑮《線なし》を ⦿ にします。

⑯《図形の書式設定》作業ウィンドウの × (閉じる)をクリックします。

⑰《ホーム》タブを選択します。

⑱《フォント》グループの 18 ▾ (フォントサイズ)の ▾ をクリックし、一覧から《14》を選択します。

⑲図形の位置とサイズを調整します。

10 全スライドに関わる設定

❶

①《ファイル》タブを選択します。

②《名前を付けて保存》をクリックします。

③《参照》をクリックします。

④ファイルを保存する場所を選択します。

※《PC》→《ドキュメント》→「日商PC プレゼン2級 PowerPoint2019／2016」→「第3章」を選択します。

⑤《ファイル名》に「組織活性化研修のご提案 第3章(完成)」と入力します。

⑥《保存》をクリックします。

確認問題

第1回

第2回

第3回

採点シート

付録2

知識科目

■問題1

解答 **2** まんべんなく設定するのではなく、丁寧に説明したい箇所に重点的に設定する。

解説 アニメーションは派手なものを選んだり、まんべんなく設定したりするのではなく、丁寧に説明したい箇所に重点的に設定するのが効果的です。文字に設定するアニメーションも、強調を目的としたものは避けるのが普通です。

■問題2

解答 **1** SmartArtの図形要素に、アニメーションの設定ができる。

解説 SmartArtの図形要素に対して、1つずつ表示させるアニメーションが設定できます。グラフに対しても、アニメーションを設定できます。文字に対するアニメーションは、文字単位やプレースホルダー単位など、段落単位以外でも設定できます。

■問題3

解答 **2** 1種類か2種類にとどめ、種類をあまり増やさないほうがよい。

解説 画面切り替え効果の種類を増やすと、切り替えに気をとられ、内容に集中できなくなります。1種類か2種類を効果的に使います。

■問題4

解答 **1** 音楽のファイルを取り込むことはできない。

解説 ファイルから音楽をスライドに挿入することができます。

■問題5

解答 **2** スライドに挿入した動画ファイルを、スライドショー実行時に自動的に再生されるように設定できる。

解説 動画は表紙だけでなく、どのスライドにも挿入できます。スライドに挿入した動画を再生中に、一時停止したり、また再生したりすることもできます。

実技科目

完成例

●スライド3

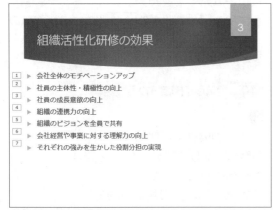

●スライド4

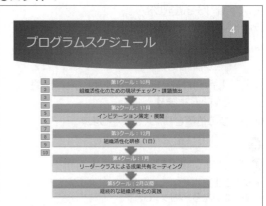

確認問題

第1回

第2回

第3回

採点シート

付録2

●スライド6

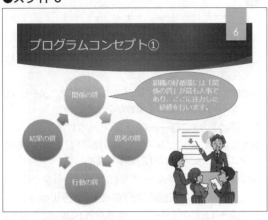

●スライド7

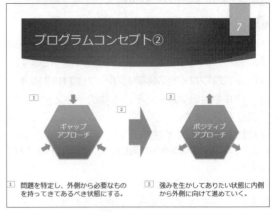

●スライド9

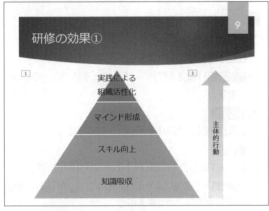

 解答のポイント

ポイント1

アニメーション設定後、スライドショーに切り替えて、問題文の指示のとおりにアニメーションが表示されることを確認しましょう。

操作手順

1　スライド3に関わる設定

❶

①スライド3を選択します。

②箇条書きのプレースホルダーを選択します。

③《アニメーション》タブを選択します。

④《アニメーション》グループの ▼ (その他)をクリックします。

※お使いの環境によっては、「その他」が「アニメーションスタイル」と表示される場合があります。

⑤《開始》の《スライドイン》をクリックします。

2　スライド4に関わる設定

❶

①スライド4を選択します。

②SmartArtを選択します。

③《アニメーション》タブを選択します。

④《アニメーション》グループの ▼ (その他)をクリックします。

※お使いの環境によっては、「その他」が「アニメーションスタイル」と表示される場合があります。

⑤《開始》の《ズーム》をクリックします。

⑥《アニメーション》グループの (効果のオプション)をクリックします。

⑦《個別》をクリックします。

3　スライド6に関わる設定

❶

①スライド6を選択します。

②SmartArtのアニメーション番号を選択します。

③ [Delete] を押します。

12

4　スライド7に関わる設定

❶

①スライド7を選択します。

②左側の「ギャップアプローチ」の図解を選択します。

※「ギャップアプローチ」の図解はグループ化されています。

③ Ctrl を押しながら、その下側のテキストボックスを選択します。

※複数のオブジェクトを選択して、アニメーションを設定すると、アニメーション番号が同じになり、同時に再生されます。

④《アニメーション》タブを選択します。

⑤《アニメーション》グループの ▼ (その他)をクリックします。

※お使いの環境によっては、「その他」が「アニメーションスタイル」と表示される場合があります。

⑥《開始》の《フェード》をクリックします。

※「ギャップアプローチ」の図解とテキストボックスのアニメーション番号が「1」になります。

⑦中央の矢印を選択します。

⑧《アニメーション》グループの ▼ (その他)をクリックします。

※お使いの環境によっては、「その他」が「アニメーションスタイル」と表示される場合があります。

⑨《開始》の《フェード》をクリックします。

※矢印のアニメーション番号が「2」になります。

⑩右側の「ポジティブアプローチ」の図解を選択します。

※「ポジティブアプローチ」の図解はグループ化されています。

⑪ Ctrl を押しながら、下側のテキストボックスを選択します。

⑫《アニメーション》グループの ▼ (その他)をクリックします。

※お使いの環境によっては、「その他」が「アニメーションスタイル」と表示される場合があります。

⑬《開始》の《フェード》をクリックします。

※「ポジティブアプローチ」の図解とテキストボックスのアニメーション番号が「3」になります。

5　スライド9に関わる設定

❶

①スライド9を選択します。

②SmartArtを選択します。

③《アニメーション》タブを選択します。

④《アニメーション》グループの ▼ (その他)をクリックします。

※お使いの環境によっては、「その他」が「アニメーションスタイル」と表示される場合があります。

⑤《開始》の《ワイプ》をクリックします。

❷

①上向き矢印を選択します。

②《アニメーション》タブを選択します。

③《アニメーション》グループの ▼ (その他)をクリックします。

※お使いの環境によっては、「その他」が「アニメーションスタイル」と表示される場合があります。

④《開始》の《フロートイン》をクリックします。

※SmartArtのアニメーション番号が「1」、上向き矢印のアニメーション番号が「2」になります。

⑤《タイミング》グループの《開始》の ▼ をクリックし、一覧から《直前の動作の後》を選択します。

※上向き矢印のアニメーション番号が「1」に変更されます。

6　全スライドに関わる設定

❶

①スライド1を選択します。

②《画面切り替え》タブを選択します。

③《画面切り替え》グループの ▼ (その他)をクリックします。

④ **2019**

《弱》の《スプリット》をクリックします。

2016

《シンプル》の《スプリット》をクリックします。

※お使いの環境によっては、「シンプル」が「弱」と表示される場合があります。

❷

①スライド2を選択します。

② Shift を押しながら、スライド13を選択します。

③《画面切り替え》タブを選択します。

④《画面切り替え》グループの ▼ (その他)をクリックします。

⑤ **2019**

《弱》の《アンカバー》をクリックします。

2016

《シンプル》の《アンカバー》をクリックします。

※お使いの環境によっては、「シンプル」が「弱」と表示される場合があります。

❸

①《ファイル》タブを選択します。

②《名前を付けて保存》をクリックします。

③《参照》をクリックします。

④ファイルを保存する場所を選択します。

※《ＰＣ》→《ドキュメント》→「日商ＰＣ　プレゼン2級 PowerPoint2019／2016」→「第4章」を選択します。

⑤《ファイル名》に「組織活性化研修のご提案　第4章（完成）」と入力します。

⑥《保存》をクリックします。

第5章　プレゼンの実施

知識科目

■問題1

解答 **2** ノート

解説 発表者のトーク内容を記載しておく機能として、「ノート」が用意されています。ノートにトーク内容を入力して印刷し、リハーサルで実際に話して確認することができます。

■問題2

解答 **3** 配布資料の枚数を少なくするために、内容を考慮して1枚に2〜6スライド程度にして印刷する。

解説 配布資料を印刷するときは、1枚当たりのスライド数は2〜6スライド程度にします。1枚当たりのスライド数を増やすと、文字が小さくなってスライドの内容が確認しにくくなります。1枚当たりのスライド数を減らすと、印刷する枚数が増え、紙の浪費につながります。

■問題3

解答 **2** 会場全体にゆっくりと視線を順次送っていく。

解説 プレゼンのアイコンタクトでは視線を固定せずに、会場全体に視線を送っていきます。

■問題4

解答 **1** Escキーが押されるまで繰り返す設定

解説 最後のスライドが表示されたら、繰り返す設定をしておくと、黒い画面を表示せずにタイトルスライドに戻せます。質疑応答のときに、プレゼンのタイトルをもう一度見せることができるので効果的です。

実技科目

 操作手順

1　スライド1に関わる設定

❶

①スライド1を選択します。

②ステータスバーの 〔 ≜ ノート 〕(ノート)をクリックします。

③「ノートを入力」をクリックし、文章を入力します。

※スライドペインとノートペインの境界線をドラッグし、ノートペインを広げると入力しやすくなります。

2　全スライドに関わる設定

❶

①《スライドショー》タブを選択します。

②《設定》グループの 〔 リハーサル 〕(リハーサル)をクリックします。

③タイトルスライドのタイトルを読み上げます。

④スライドをクリックして、次のスライドを表示します。

⑤スライド2のタイトルを読み上げます。

⑥同様に、最後のスライドまで表示して、タイトルを読み上げます。

⑦《はい》をクリックします。

❷

①ステータスバーの 〔 ⊞ 〕(スライド一覧)をクリックします。

②各スライドの右下に表示されている時間を確認します。

❸

①《ファイル》タブを選択します。

②《名前を付けて保存》をクリックします。

③《参照》をクリックします。

④ファイルを保存する場所を選択します。

※《PC》→《ドキュメント》→「日商PC プレゼン2級 PowerPoint2019／2016」→「第5章」を選択します。

⑤《ファイル名》に「組織活性化研修のご提案 第5章（完成）」と入力します。

⑥《保存》をクリックします。

確認問題

第1回

第2回

第3回

採点シート

付録2

14

Answer 第1回 模擬試験 解答と解説

知識科目

■問題1

解答 **3** プレゼンのストーリー展開がしやすい。

■問題2

解答 **2** 収集した情報をもとにして本論のストーリーを考える。

解説 1がトップダウンのアプローチで、2がボトムアップのアプローチです。3は、どちらにも属しません。

■問題3

解答 **3** フッターの文字の色を変更したいときは、スライドマスターを使って行う。

解説 フッターの書式や位置は、自由に変更できます。変更するときは、スライドマスターで行います。

■問題4

解答 **3** メインの色に対して色相が大きく異なる色を、面積の小さい図形に使うことで、視覚的なアクセントの役割が果たせるようにしたものである。

■問題5

解答 **1**

解説 1は、階層ごとに濃さを変えているので、整った印象を与えます。2と3には規則性が感じられません。

■問題6

解答 **2**

解説 2は、「重大危機発生」をふさわしい形と色で表現しています。

■ 問題7

(解答) **3**

- ・社会
  - ・社会貢献活動
  - ・地域社会との共生
- ・経済
  - ・商品の提供
  - ・品質の確保
- ・環境
  - ・環境保全活動
  - ・循環型社会へ

(解説) 1や2では、図示されたSmartArtにはなりません。

■ 問題8

(解答) **1 スライドイン**

(解説) 箇条書きには、自然な感じを与えるスライドインが好ましいといえます。

■ 問題9

(解答) **1 箇条書きを1行ずつ表示するのが効果的である。**

(解説) 箇条書きにはどんなアニメーションでも設定できますが、自然な感じのアニメーションを設定して1行ずつ表示させるようにします。

■ 問題10

(解答) **2 トーク内容はノートに入力しておくと、プレゼン実施時の発表者用の資料として活用できる。**

(解説) PowerPointにはノートだけを出力する機能はありません。また、ノートを読み上げることに専念するのは、好ましくありません。

確認問題

第1回

第2回

第3回

採点シート

付録2

1 ファイル「情報セキュリティーマネジメント全社基本教育」へのテンプレートの適用

 操作手順

❶

①《デザイン》タブを選択します。

②《テーマ》グループの ▼ (その他)をクリックします。

③《テーマの参照》をクリックします。

④《ドキュメント》をクリックします。

⑤「日商PC プレゼン2級 PowerPoint2019／2016」をダブルクリックします。

⑥「模擬試験」をダブルクリックします。

⑦一覧から「テンプレート001」を選択します。

⑧《適用》をクリックします。

2 ファイル「情報セキュリティーマネジメント全社基本教育」の配色の変更

 操作手順

❶

①《デザイン》タブを選択します。

②《バリエーション》グループの ▼ (その他)をクリックします。

③《配色》をポイントします。

④《オレンジ》をクリックします。

3 目次スライドに関わる操作

内容

● 情報セキュリティーの三要素
● 情報セキュリティーマネジメントの必要性
● 情報セキュリティーマネジメントシステムの構成
● 情報取り扱いのリスク
● 漏洩事故の原因別件数・割合
● 漏洩事故による社会的責任

解答のポイント

ポイント1

目次スライドは、タイトルスライドの後ろ、プレゼンの内容に入る前に配置するのが一般的です。

 操作手順

❶

①スライド1を選択します。

②《ホーム》タブを選択します。

③《スライド》グループの（新しいスライド）の ▼ をクリックします。

④《タイトルとコンテンツ》をクリックします。

❷

①スライド2を選択します。

②《タイトルを入力》をクリックし、「内容」と入力します。

※お使いの環境によっては、「タイトルを入力」が「ダブルタップしてタイトルを入力」と表示される場合があります。

❸

①《テキストを入力》をクリックし、「情報セキュリティーの三要素」と入力します。

※お使いの環境によっては、「テキストを入力」が「ダブルタップしてテキストを入力」と表示される場合があります。

②[Enter]を押して、改行します。

③同様に、その他の箇条書きを入力します。

4 ファイル「情報セキュリティー」に関わる操作

ポイント2

情報セキュリティーの三要素

- 情報の機密性
  ・権利を持つ人だけが情報へのアクセスや情報の利用が可能な状態にあること。
- 情報の完全性
  ・情報が破損したり改ざんされたりせず完全な状態にあること。
- 情報の可用性
  ・情報を必要な時に取り出し利用できる状態にあること。

ポイント3
ポイント4

情報セキュリティーマネジメントの必要性

- コンピューターによる大量・迅速な情報処理に伴う要因
  ・日常で多くの情報が収集され、コンピューターなどの情報機器の中に大量に蓄積される機会が増加。
  ・蓄積された情報が、本来の目的外で使用されるという事態が発生。
- 情報の利用に伴う要因
  ・不正確な内容の情報が利用されるという問題が発生。
  ・大量の情報が不正に漏洩したり、改ざん・悪用されたりするという危険性も増大。
  ・不十分なセキュリティーが原因で、コンピューターウイルスに感染する事例も頻発。

ポイント5
ポイント6

 解答のポイント

ポイント2

目次スライドの内容に合わせて、「情報セキュリティーの三要素」スライドは「情報セキュリティーマネジメントの必要性」スライドの前に配置します。

ポイント3

Wordファイルから文章をコピーするときは、通常の貼り付けではWordの書式が反映されるため、書式がそろわずに見映えが悪くなることがあります。そこで貼り付け先の書式に合うようにテキストのみを貼り付けます。また、箇条書きの末尾は、指示に従って「体言止め」にします。箇条書きでは、末尾に句点を付けるのが一般的ですが、付けないこともあります。付けない場合は、すべての箇条書きの句点を省略します。句点の有無が不統一になるのは避けなければなりません。

ポイント4

3項目の箇条書きにするという指示があり、文章は3つの段落で構成されているので、1つの段落を1つの箇条書きで示します。段落は1つの文でできているものと2つの文でできているものがありますが、2つの文はつないで1つの文にします。また、箇条書きにしたとき不要と思われる接続詞は削除します。キーワードは、削除しないように注意します。

ポイント5

「情報セキュリティーマネジメントの必要性」には、2つの段落があります。
最初の段落の主題は、「コンピューターによる大量・迅速な情報処理に伴う要因」であり、ここには2つの事柄「日常で多くの情報が収集され、コンピューターなどの情報機器の中に大量に蓄積される機会が増加。」と「蓄積された情報が、本来の目的外で使用されるという事態が発生。」が含まれています。この2つの事柄を、2階層目として2項目の箇条書きで表します。
同様に、2番目の段落の主題は「情報の利用に伴う要因」で、この段落に含まれる事柄は「不正確な内容の情報が利用されるという問題が発生。」「大量の情報が不正に漏洩したり、改ざん・悪用されたりするという危険性も増大。」「不十分なセキュリティーが原因で、コンピューターウイルスに感染する事例も頻発。」の3つなので、2階層目として3項目の箇条書きで表します。

ポイント6

2階層目の箇条書きの末尾は、指示に従って「体言止め」にします。
体言止めの末尾の句点は付けないのが一般的ですが、箇条書きが長い場合は句点を付けることもあります。いずれにしても句点を付けるか付けないかのどちらかで統一します。混在するのは避けなければなりません。

  操作手順

❶

①スライド2を選択します。

②《ホーム》タブを選択します。

③《スライド》グループの　(新しいスライド)をクリックします。

※直前に挿入した「タイトルとコンテンツ」スライドが挿入されます。

④《タイトルを入力》をクリックし、「情報セキュリティーの三要素」と入力します。

※お使いの環境によっては、「タイトルを入力」が「ダブルタップしてタイトルを入力」と表示される場合があります。

⑤ファイル「情報セキュリティー」を開きます。

⑥「情報セキュリティーは…」から「…常に意識をしておく必要があります。」まで（2～6行目）を選択します。

⑦《ホーム》タブを選択します。

確認問題 第1回 第2回 第3回 採点シート 付録2

⑧《クリップボード》グループの 📋（コピー）をクリックします。

⑨PowerPointに切り替えます。

⑩スライド3を選択します。

⑪《テキストを入力》をクリックします。

※お使いの環境によっては、「テキストを入力」が「ダブルタップしてテキストを入力」と表示される場合があります。

⑫《ホーム》タブを選択します。

⑬《クリップボード》グループの 📋（貼り付け）の 貼り付け をクリックします。

⑭ 📋（テキストのみ保持）をクリックします。

⑮次のように箇条書きを修正します。

> - 情報の気密性
> - 権利を持つ人だけが情報へのアクセスや情報の利用が可能な状態にあること。
> - 情報の完全性
> - 情報が破損したり改ざんされたりせず完全な状態にあること。
> - 情報の可用性
> - 情報を必要な時に取り出し利用できる状態にあること。

⑯「権利を持つ人だけが…」の段落にカーソルを移動します。

⑰《ホーム》タブを選択します。

⑱《段落》グループの 〓（インデントを増やす）をクリックします。

⑲「情報が破損したり…」の段落にカーソルを移動します。

⑳ F4 を押します。

㉑「情報を必要な時に…」の段落にカーソルを移動します。

㉒ F4 を押します。

❷

①Wordに切り替えて、ファイル「**情報セキュリティー**」を表示します。

②「コンピューターによる…」から「…事態が発生しています。」まで（9～11行目）を選択します。

③《ホーム》タブを選択します。

④《クリップボード》グループの 📋（コピー）をクリックします。

⑤PowerPointに切り替えます。

⑥スライド4を選択します。

⑦「コンピューターによる大量・迅速な情報処理に伴う要因」の後ろにカーソルを移動します。

⑧ Enter を押して、改行します。

⑨《ホーム》タブを選択します。

⑩《クリップボード》グループの 📋（貼り付け）の 貼り付け をクリックします。

⑪ 📋（テキストのみ保持）をクリックします。

⑫コピーした段落にカーソルを移動します。

⑬《段落》グループの 〓（インデントを増やす）をクリックします。

⑭次のように箇条書きを修正します。

> - 日常で多くの情報が収集され、コンピューターなどの情報機器の中に大量に蓄積される機会が増加。
> - 蓄積された情報が、本来の目的外で使用されるという事態が発生。

⑮同様に、「情報の利用に伴う要因」の下の行に次の箇条書きを追加し、箇条書きのレベルを設定します。

> - 不正確な内容の情報が利用されるという問題が発生。
> - 大量の情報が不正に漏洩したり、改ざん・悪用されたりするという危険性も増大。
> - 不十分なセキュリティーが原因で、コンピューターウイルスに感染する事例も頻発。

5 「情報取り扱いのリスク」スライドに関わる修正

情報取り扱いのリスク

起こりうる問題の種類	問題の説明	紙媒体の場合の例	電子媒体の場合の例
目的外利用	媒体を問わず、会社で明確にした目的を超えて利用すること。	顧客から取得した情報を本来の利用方法以外で利用すること。	
漏洩	情報やデータが故意に、または偶然に本来意図しない人に見えたり渡ったりしてしまうこと。	紙の情報が盗み出される、紙が持ち出される、ミスで外に出るなど。	不正アクセスして情報が盗み出される、媒体を置き忘れるなど。
滅失または棄損	情報やデータを壊したり紛失したりしてしまうこと。	間違って廃棄する、汚すなど。	データを間違って上書きするなど。

ポイント7

解答のポイント

【ポイント7】
「紙媒体の場合の例」と「電子媒体の場合の例」に分割するので、分割したセルに入れる文は、それぞれに当てはまる内容にします。
「紙媒体の場合は、」や「電子媒体の場合は、」は削除します。

操作手順

❶

①スライド5を選択します。
②「例」の列（3列目）を選択します。
③《レイアウト》タブを選択します。
④《結合》グループの（セルの分割）をクリックします。
⑤《列数》を「2」に設定します。
⑥《行数》を「1」に設定します。
⑦《OK》をクリックします。
⑧「例」のセルを「紙媒体の場合の例」に修正します。
⑨「紙媒体の場合の例」の右のセルに「電子媒体の場合の例」と入力します。
⑩「顧客から取得した…」のセルと右のセルを選択します。
⑪《結合》グループの（セルの結合）をクリックします。
⑫「不正アクセスして情報が盗み出される、媒体を置き忘れるなど。」を選択します。
⑬《ホーム》タブを選択します。
⑭《クリップボード》グループの（切り取り）をクリックします。

⑮「電子媒体の場合の例」の「漏洩」のセル（4列3行目）にカーソルを移動します。
⑯《クリップボード》グループの（貼り付け）をクリックします。
⑰「紙媒体の場合の例」の「漏洩」のセルを「紙の情報が盗み出される、紙が持ち出される、ミスで外に出るなど。」に修正します。
⑱「データを間違って上書きするなど。」を選択します。
⑲《クリップボード》グループの（切り取り）をクリックします。
⑳「電子媒体の場合の例」の「滅失または棄損」のセル（4列4行目）にカーソルを移動します。
㉑《クリップボード》グループの（貼り付け）をクリックします。
㉒「紙媒体の場合の例」の「滅失または棄損」のセルを「間違って廃棄する、汚すなど。」に修正します。

❷

①「問題の説明」から「電子媒体の場合の例」までの列（2〜4列目）を選択します。
②《レイアウト》タブを選択します。
③《セルのサイズ》グループの（幅を揃える）をクリックします。

❸

①表の1行目を選択します。
②《レイアウト》タブを選択します。
③《配置》グループの（中央揃え）をクリックします。
④《配置》グループの（上下中央揃え）をクリックします。

❹

①「目的外利用」から「滅失または棄損」までのセルを選択します。
②《レイアウト》タブを選択します。
③《配置》グループの（左揃え）がオンになっていることを確認します。
④《配置》グループの（上下中央揃え）をクリックします。

❺

①表を選択します。
②《表ツール》の《デザイン》タブを選択します。
※お使いの環境によっては、《デザイン》が《テーブルデザイン》と表示される場合があります。
③《表のスタイル》グループの（その他）をクリックします。
④《中間》の《中間スタイル2-アクセント1》をクリックします。

6 「情報セキュリティーマネジメントシステムの構成」スライドに関わる修正

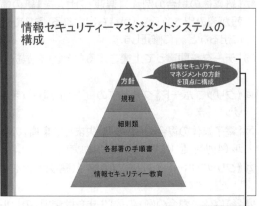

ポイント8

 解答のポイント

ポイント8

円形吹き出しの位置は指示されていませんが、スライドの余白から考えて、「方針」の図形の右側または左側に配置するのが適切です。円形吹き出しの先端部分は、「方針」の図形に向けます。

 操作手順

❶

① スライド6を選択します。

② SmartArtを選択します。

③ テキストウィンドウの「規程」の後ろにカーソルを移動します。

※ テキストウィンドウが表示されていない場合は、《SmartArtツール》の《デザイン》タブ→《グラフィックの作成》グループの テキスト ウィンドウ （テキストウィンドウ）をクリックします。

④ Enter を押して、改行します。

⑤ 「細則類」と入力します。

❷

① 「方針」の図形を選択します。

② 《書式》タブを選択します。

③ 《図形のスタイル》グループの （その他）をクリックします。

④ 《塗りつぶし-オレンジ、アクセント2》をクリックします。

⑤ 《ホーム》タブを選択します。

⑥ 《フォント》グループの （フォントの色）の をクリックします。

⑦ 《テーマの色》の《白、背景1》をクリックします。

❸

① 《挿入》タブを選択します。

② 《図》グループの （図形）をクリックします。

③ 2019

《吹き出し》の （吹き出し：円形）をクリックします。

2016

《吹き出し》の （円形吹き出し）をクリックします。

※ お使いの環境によっては、「円形吹き出し」が「吹き出し：円形」と表示される場合があります。

④ 「方針」の図形の右側または左側で、始点から終点までドラッグします。

⑤ 円形吹き出しが選択されていることを確認します。

⑥ 「情報セキュリティーマネジメントの方針を頂点に構成」と入力します。

⑦ 円形吹き出しの黄色の〇（ハンドル）をドラッグし、先端部分を「方針」の図形に向けます。

⑧ 円形吹き出しの位置とサイズを調整します。

⑨ 《書式》タブを選択します。

※ お使いの環境によっては、《書式》が《図形の書式》と表示される場合があります。

⑩ 《図形のスタイル》グループの （その他）をクリックします。

⑪ 《枠線-淡色1、塗りつぶし-オレンジ、アクセント2》をクリックします。

7 「漏洩事故の原因別件数・割合」スライドに関わる修正

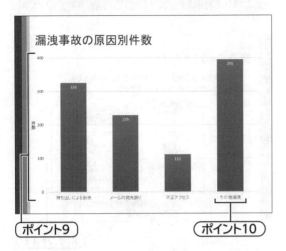

ポイント9　　　　　　　　　　　　　ポイント10

解答のポイント

ポイント9

「平面的な集合縦棒グラフ」という指示があるので、3-Dグラフなど別のグラフにしないように注意します。

ポイント10

「伝達ミス」と「ウイルス感染」を「その他漏洩」に統合しているので、数値は3つを合計したものにします。合計した結果、数値は「395件」と一番大きくなりますが、「その他」なので位置は右端にします。

操作手順

❶

①スライド7を選択します。

②グラフを選択します。

③《グラフツール》の《デザイン》タブを選択します。

※お使いの環境によっては、《デザイン》が《グラフのデザイン》と表示される場合があります。

④《種類》グループの ▮▮ (グラフの種類の変更)をクリックします。

⑤左側の一覧から《縦棒》を選択します。

⑥右側の一覧から ▮▮ (集合縦棒)を選択します。

⑦《OK》をクリックします。

❷

①グラフを選択します。

②《グラフツール》の《デザイン》タブを選択します。

※お使いの環境によっては、《デザイン》が《グラフのデザイン》と表示される場合があります。

③《データ》グループの ▦ (データを編集します)をクリックします。

④セル【B7】に「395」と入力します。

⑤行番号【5】から行番号【6】まで選択し、右クリックします。

⑥《削除》をクリックします。

⑦ワークシートのウィンドウの × (閉じる)をクリックします。

❸

①データラベルを右クリックします。

②《データラベルの書式設定》をクリックします。

③《ラベルオプション》の ▮▮ (ラベルオプション)をクリックします。

④《ラベルオプション》の詳細を表示します。

※詳細が表示されていない場合は、《ラベルオプション》をクリックします。

⑤《ラベルの内容》の《分類名》を □ にします。

⑥《ラベルの内容》の《値》を ☑ にします。

⑦《ラベルの位置》の《内側上》を ◉ にします。

⑧《データラベルの書式設定》作業ウィンドウの × (閉じる)をクリックします。

❹❺

①値軸を右クリックします。

②《軸の書式設定》をクリックします。

③《軸のオプション》の ▮▮ (軸のオプション)をクリックします。

④《軸のオプション》の詳細を表示します。

※詳細が表示されていない場合は、《軸のオプション》をクリックします。

⑤《最大値》に「400」と入力します。

⑥ 2019

　《主》に「100」と入力します。

　 2016

　《目盛》に「100」と入力します。

　※お使いの環境によっては、「目盛」が「主」と表示される場合があります。

⑦《軸の書式設定》作業ウィンドウの × (閉じる)をクリックします。

❻

①グラフを選択します。

② ＋ をクリックします。

③《グラフ要素》の《軸ラベル》を ☑ にします。

④ ▶ をクリックし、《第1横軸》を □ 、《第1縦軸》を ☑ にします。

※《軸ラベル》をポイントすると、▶ が表示されます。

※グラフ以外の場所をクリックしておきましょう。

⑤「軸ラベル」を「件数」に修正します。

⑥軸ラベルを選択します。

確認問題

第1回

第2回

第3回

採点シート

付録2

⑦《ホーム》タブを選択します。

⑧《段落》グループの 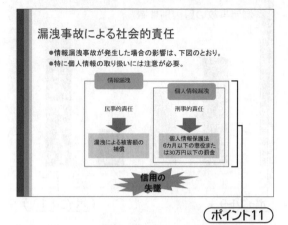※ (文字列の方向)をクリックします。

⑨《縦書き》をクリックします。

❼

①グラフを選択します。

②《グラフツール》の《デザイン》タブを選択します。

※お使いの環境によっては、《デザイン》が《グラフのデザイン》と表示される場合があります。

③《グラフスタイル》グループの ▼ (その他)をクリックします。

④《スタイル7》をクリックします。

⑤データラベルを選択します。

⑥《ホーム》タブを選択します。

⑦《フォント》グループの A▼ (フォントの色)の ▼ をクリックします。

⑧《テーマの色》の《白、背景1》をクリックします。

❽

①スライドのタイトルを「漏洩事故の原因別件数」に修正します。

8 ファイル「情報セキュリティーマネジメントシステムの解説」に関わる操作

ポイント11

📖 解答のポイント

ポイント11

同じ図解を効率よく作るためにはどうすればよいかを考えます。Ctrl を押しながら図形をドラッグして、コピーするといった基本のテクニックを理解しておきます。

🖱 操作手順

❶

①スライド7を選択します。

②《ホーム》タブを選択します。

③《スライド》グループの (新しいスライド)の 新しいスライド▼ をクリックします。

④《スライドの再利用》をクリックします。

⑤ **2019**
《参照》をクリックします。

2016
《参照》をクリックし、一覧から《ファイルの参照》を選択します。

⑥《ドキュメント》をクリックします。

⑦「日商PC プレゼン2級 PowerPoint2019／2016」をダブルクリックします。

⑧「模擬試験」をダブルクリックします。

⑨一覧から「情報セキュリティーマネジメントシステムの解説」を選択します。

⑩《開く》をクリックします。

⑪《元の書式を保持する》を □ にします。

⑫《スライド》の一覧から「ISMS違反による信用失墜」を選択します。

⑬《スライドの再利用》作業ウィンドウの × (閉じる)をクリックします。

❷

①スライド8のタイトルを「漏洩事故による社会的責任」に修正します。

❸

①「…下図のとおりです。」を「…下図のとおり。」に修正します。

②同様に、「…には注意が必要です。」を「…には注意が必要。」に修正します。

❹

①「民事的責任」、「漏洩による被害額の補償」の図形と矢印がすべて囲まれるように、左上から右下までドラッグします。

※選択しにくい場合は、1つ目の図形をクリックし、[Shift]を押しながら2つ目以降の図形をクリックします。

②[Ctrl]と[Shift]を押しながら、右方向にドラッグして、コピーします。

※[Ctrl]と[Shift]を押しながらドラッグすると、水平方向にコピーされます。

③コピーした図解の「民事的責任」を「刑事的責任」に修正します。

④コピーした図解の「漏洩による被害額の補償」を「個人情報保護法　6カ月以下の懲役または30万円以下の罰金」に修正します。

※「個人情報保護法」の後ろで改行します。

⑤《挿入》タブを選択します。

⑥《図》グループの （図形）をクリックします。

⑦《四角形》の □（正方形/長方形）をクリックします。

⑧「個人情報漏洩」の左から右下までドラッグします。

⑨《書式》タブを選択します。

※お使いの環境によっては、《書式》が《図形の書式》と表示される場合があります。

⑩《図形のスタイル》グループの （その他）をクリックします。

⑪《枠線のみ、オレンジ、アクセント1》をクリックします。

⑫《図形のスタイル》グループの 図形の枠線 （図形の枠線）をクリックします。

⑬《太さ》をポイントし、《2.25pt》をクリックします。

⑭《配置》グループの 背面へ移動 （背面へ移動）の をクリックし、一覧から《最背面へ移動》をクリックします。

❺

①「信用の失墜」の図形を選択します。

②《書式》タブを選択します。

※お使いの環境によっては、《書式》が《図形の書式》と表示される場合があります。

③《図形の挿入》グループの （図形の編集）をクリックします。

④ **2019**
《図形の変更》をポイントし、《星とリボン》の （爆発：14pt）をクリックします。

2016
《図形の変更》をポイントし、《星とリボン》の （爆発2）をクリックします。

⑤《図形のスタイル》グループの （その他）をクリックします。

⑥《塗りつぶし-オレンジ、アクセント1》をクリックします。

⑦図形の位置とサイズを調整します。

確認問題

第1回

第2回

第3回

採点シート

付録2

●スライド1

情報セキュリティー
マネジメント
全社基本教育

2021年9月1日
CSR推進室

●スライド2

内容

- ●情報セキュリティーの三要素
- ●情報セキュリティーマネジメントの必要性
- ●情報セキュリティーマネジメントシステムの構成
- ●情報取り扱いのリスク
- ●漏洩事故の原因別件数
- ●漏洩事故による社会的責任

情報セキュリティーマネジメント　　　　2

●スライド3

情報セキュリティーの三要素

- ●情報の機密性
  - ・権利を持つ人だけが情報へのアクセスや情報の利用が可能な状態にあること。
- ●情報の完全性
  - ・情報が破損したり改ざんされたりせず完全な状態にあること。
- ●情報の可用性
  - ・情報を必要な時に取り出し利用できる状態にあること。

情報セキュリティーマネジメント　　　　3

●スライド4

情報セキュリティーマネジメントの必要性

- ●コンピューターによる大量・迅速な情報処理に伴う要因
  - ・日常で多くの情報が収集され、コンピューターなどの情報機器の中に大量に蓄積される機会が増加。
  - ・蓄積された情報が、本来の目的外で使用されるという事態が発生。
- ●情報の利用に伴う要因
  - ・不正確な内容の情報が利用されるという問題が発生。
  - ・大量の情報が不正に漏洩したり、改ざん・悪用されたりするという危険性も増大。
  - ・不十分なセキュリティーが原因で、コンピューターウイルスに感染する事例も頻発。

情報セキュリティーマネジメント　　　　4

●スライド5

情報セキュリティーマネジメントシステムの構成

情報セキュリティーマネジメントの方針を頂点に構成

方針
規程
細則類
各部署の手順書
情報セキュリティー教育

情報セキュリティーマネジメント　　　　5

●スライド6

情報取り扱いのリスク

起こりうる問題の種類	問題の説明	紙媒体の場合の例	電子媒体の場合の例
目的外利用	媒体を問わず、会社で明確にした目的を超えて利用すること。	顧客から取得した情報を本来の利用方法以外で利用すること。	
漏洩	情報やデータが故意に、または偶然に本来意図しない人に見えたり渡ったりしてしまうこと。	紙の情報が盗み出される、紙が持ち出される、ミスで外に出るなど。	不正アクセスして情報が盗み出される、媒体を置き忘れるなど。
滅失または棄損	情報やデータを壊したり紛失したりしてしまうこと。	間違って廃棄する、汚すなど。	データを間違って上書きするなど。

情報セキュリティーマネジメント　　　　5

●スライド7

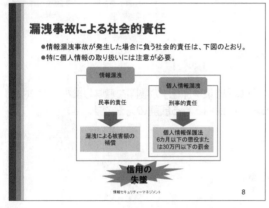

漏洩事故の原因別件数

●スライド8

漏洩事故による社会的責任
- 情報漏洩事故が発生した場合に負う社会的責任は、下図のとおり。
- 特に個人情報の取り扱いには注意が必要。

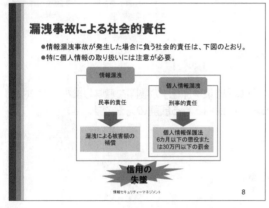

確認問題

第1回

第2回

第3回

採点シート

付録2

操作手順

❶

①スライド2を選択します。

②5つ目の箇条書きを「漏洩事故の原因別件数」に修正します。

❷

①スライド5をスライド6とスライド7のあいだにドラッグします。

❸❹

①《挿入》タブを選択します。

②《テキスト》グループの （ヘッダーとフッター）をクリックします。

③《スライド》タブを選択します。

④《スライド番号》を ✓ にします。

⑤《フッター》を ✓ にし、「情報セキュリティーマネジメント」と入力します。

⑥《タイトルスライドに表示しない》を ✓ にします。

⑦《すべてに適用》をクリックします。

⑧《表示》タブを選択します。

⑨《マスター表示》グループの （スライドマスター表示）をクリックします。

⑩ **2019**

サムネイルの一覧から1番上の《サンプルテンプレート_D　ノート:スライド1-8で使用される》を選択します。

※お使いの環境によっては、「ノート」が「スライドマスター」と表示される場合があります。

2016

サムネイルの一覧から1番上の《サンプルテンプレート_D　スライドマスター:スライド1-8で使用される》を選択します。

⑪スライド番号のプレースホルダーを選択します。

⑫《ホーム》タブを選択します。

⑬《フォント》グループの 13.5 （フォントサイズ）の をクリックし、一覧から《18》を選択します。

⑭《スライドマスター》タブを選択します。

⑮《閉じる》グループの （マスター表示を閉じる）をクリックします。

❺

①《画面切り替え》タブを選択します。

②《画面切り替え》グループの （その他）をクリックします。

③ **2019**

《弱》の《ワイプ》をクリックします。

2016

《シンプル》の《ワイプ》をクリックします。

※お使いの環境によっては、「シンプル」が「弱」と表示される場合があります。

④《タイミング》グループの すべてに適用 （すべてに適用）をクリックします。

❻

①《ファイル》タブを選択します。

②《名前を付けて保存》をクリックします。

③《参照》をクリックします。

④ファイルを保存する場所を選択します。

※《ＰＣ》→《ドキュメント》→「日商ＰＣ　プレゼン2級　PowerPoint2019／2016」→「模擬試験」を選択します。

⑤《ファイル名》に「情報セキュリティーマネジメント全社基本教育（完成）」と入力します。

⑥《保存》をクリックします。

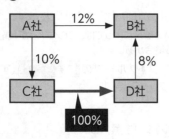 第2回 模擬試験 解答と解説

知識科目

■問題1

（解答）**1 自社の実験データ**

（解説）一次資料はヒアリングなどによって自分で直接集めた資料であり、自社の実験データは一次資料になります。新聞記事や白書のように一般に公表されているものは二次資料です。

■問題2

（解答）**2 演繹法**

■問題3

（解答）**1 時系列**

（解説）「過去→現在→未来」は時間順なので時系列です。2は、「結果→原因」の展開を意味します。3は、対象物が立体的あるいは平面的な広がりを持っている場合に採用される展開の方法です。

■問題4

（解答）**3 左上から右下への方向が最も自然に感じられる。**

■問題5

（解答）**3**

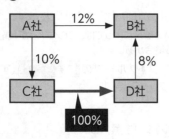

（解説）3は線の太さが違ったり吹き出しを白抜き文字に変えたりしているため、図解全体にメリハリが感じられます。1と2は、線の太さや四角形の濃さが同じでありメリハリは感じられません。

■問題6

（解答）**2**

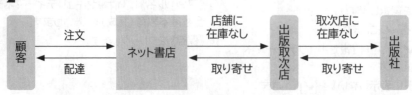

（解説）1と3は図形要素の形、図形要素の間隔、文字サイズ、矢印と文字の配置などに問題があります。

■問題7

解答 **1**

| 経験を重視 | ←——→ | 能力を重視 |

解説 対比を表す矢印は1になります。

■問題8

解答 **2** スピン

解説 「フェード」や「ワイプ」は派手な動きではないので、強調には向きません。

■問題9

解答 **1** 図解を構成している個々の図形に対してアニメーションを設定できる。

解説 グループ化した場合は、グループ単位での設定になります。

■問題10

解答 **3** PowerPointのリハーサル機能を使うと、プレゼンの時間配分を検討しやすくなる。

確認問題

第1回

第2回

第3回

採点シート

付録2

1 ファイル「ソーラーパワー事業」へのテンプレートの適用

操作手順

❶

①《デザイン》タブを選択します。

②《テーマ》グループの ▼ (その他)をクリックします。

③《テーマの参照》をクリックします。

④《ドキュメント》をクリックします。

⑤「日商PC プレゼン2級 PowerPoint2019／2016」をダブルクリックします。

⑥「模擬試験」をダブルクリックします。

⑦一覧から「テンプレート002」を選択します。

⑧《適用》をクリックします。

2 ファイル「ソーラーパワー事業」の配色の変更

操作手順

❶

①《デザイン》タブを選択します。

②《バリエーション》グループの ▼ (その他)をクリックします。

③《配色》をポイントし、《紫Ⅱ》をクリックします。

3 タイトルスライドに関わる修正

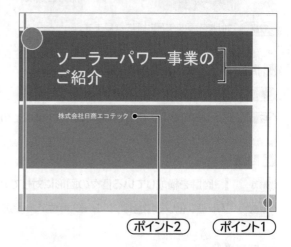

ソーラーパワー事業の
ご紹介

株式会社日商エコテック ●

ポイント2　　**ポイント1**

解答のポイント

（ポイント1）

スライドのタイトルは、語句が分かれないように切りのよい位置で改行して2行にします。

（ポイント2）

社名は省略せず、「株式会社日商エコテック」とします。特に、資料に（株）と書かれていても、プレゼン資料では省略せずに「株式会社」を付け、正式な社名で記入します。

操作手順

❶

①スライド1を選択します。

②「事業概要」を選択します。

※範囲選択をして、新たに文字を入力すると、上書きされます。

③「ソーラーパワー事業の」と入力します。

④ [Enter] を押して、改行します。

⑤「ご紹介」と入力します。

❷

①《サブタイトルを入力》をクリックし、「株式会社日商エコテック」と入力します。

※お使いの環境によっては、「サブタイトルを入力」が「ダブルタップしてサブタイトルを入力」と表示される場合があります。

4 ファイル「株式会社日商エコテック 会社案内」に関わる操作

会社概要

- ●商号：株式会社日商エコテック
- ●英文商号：NISHO ECO TECH INC.
- ●所在地：東京都港区芝大門X丁目X番X号
- ●設立：1970年4月1日
- ●資本金：3億5000万円

 操作手順

❶

① スライド1を選択します。

② 《ホーム》タブを選択します。

③ 《スライド》グループの （新しいスライド）の スライド▾ をクリックします。

④ 《スライドの再利用》をクリックします。

⑤ **2019**
　　《参照》をクリックします。
　　2016
　　《参照》をクリックし、一覧から《ファイルの参照》をクリックします。

⑥ 《ドキュメント》をクリックします。

⑦ 「日商PC プレゼン2級 PowerPoint2019／2016」をダブルクリックします。

⑧ 「模擬試験」をダブルクリックします。

⑨ 一覧から「株式会社日商エコテック会社案内」を選択します。

⑩ 《開く》をクリックします。

⑪ 《元の書式を保持する》を ☐ にします。

⑫ 《スライド》の一覧から「会社概要」を選択します。

⑬ 《スライドの再利用》作業ウィンドウの ☒ （閉じる）をクリックします。

❷

① 「商号：株式会社日商エコテック」の後ろにカーソルを移動します。

② [Enter]を押して、改行します。

③ 「英文商号：NISHO ECO TECH INC.」と入力します。

❸

① 「所在地：東京都…」の行を選択します。

② 《ホーム》タブを選択します。

③ 《クリップボード》グループの ✄ （切り取り）をクリックします。

④ 「設立：…」の前にカーソルを移動します。

⑤ 《クリップボード》グループの 📋 （貼り付け）をクリックします。

⑥ 「従業員：…」と「代表取締役社長：…」の行を選択します。

⑦ [Delete]を押します。

5 「太陽光発電のメリット」スライドに関わる修正

太陽光発電のメリット

- ●太陽光は再生可能エネルギーである。
- ●石油や石炭などに代わる、枯渇しないエネルギーである。
- ●太陽光発電は二酸化炭素排出量の削減につながる。

ポイント3

📖 **解答のポイント**

ポイント3

文章で書かれている内容を箇条書きにするときには、まず内容を読み、いくつの項目にすればよいかを考えます。ここでは3つの項目を箇条書きにするという指示があるので、1文目の内容から判断して、2つに分けます。内容の切れ目で分けたら、末尾を整えます。「弊社で利用している」といった不要な語句は削除します。「再生可能エネルギー、太陽光、石油、石炭、二酸化炭素排出量、削減」といった重要なキーワードは、削除しないように注意します。

操作手順

❶

①スライド3を選択します。

②《テキストを入力》をクリックし、「太陽光は再生可能エネルギーである。」と入力します。

※お使いの環境によっては、「テキストを入力」が「ダブルタップしてテキストを入力」と表示される場合があります。

③ Enter を押して、改行します。

④「石油や石炭などに代わる、枯渇しないエネルギーである。」と入力します。

⑤ Enter を押して、改行します。

⑥「太陽光発電は二酸化炭素排出量の削減につながる。」と入力します。

❷

①箇条書きのプレースホルダーを選択します。

②《ホーム》タブを選択します。

③《フォント》グループの 20 （フォントサイズ）の ▾ をクリックし、一覧から《28》を選択します。

❸

①箇条書きのプレースホルダーを選択します。

②《ホーム》タブを選択します。

③《段落》グループの ⇕▾ （行間）をクリックします。

④《1.5》をクリックします。

❹

①《挿入》タブを選択します。

②《図》グループの （図形）をクリックします。

③《基本図形》の （楕円）をクリックします。

④スライドの右下で、始点から終点までドラッグします。

⑤円が選択されていることを確認します。

⑥《書式》タブを選択します。

※お使いの環境によっては、《書式》が《図形の書式》と表示される場合があります。

⑦《サイズ》グループの （図形の高さ）を「10cm」に設定します。

⑧《サイズ》グループの （図形の幅）を「10cm」に設定します。

※図形の位置を調整しておきましょう。

❺

①円を右クリックします。

②《図形の書式設定》をクリックします。

③《図形のオプション》の （塗りつぶしと線）をクリックします。

④《塗りつぶし》の詳細を表示します。

※詳細が表示されていない場合は、《塗りつぶし》をクリックします。

⑤《塗りつぶし（グラデーション）》を ⦿ にします。

⑥《種類》の ▾ をクリックし、一覧から《放射》を選択します。

⑦《方向》の □▾ （方向）をクリックし、一覧から《中央から》を選択します。

⑧《グラデーションの分岐点》の一番左の ▯（分岐点1/4）をクリックします。

⑨《位置》が「0%」になっていることを確認します。

⑩《色》の 🎨▾ （色）をクリックし、一覧から《標準の色》の《赤》を選択します。

⑪《透明度》を「30%」に設定します。

⑫《グラデーションの分岐点》の左から2番目の ▯（分岐点2/4）をクリックします。

⑬ （グラデーションの分岐点を削除します）をクリックします。

⑭《グラデーションの分岐点》の中央の ▯（分岐点2/3）をクリックします。

⑮ （グラデーションの分岐点を削除します）をクリックします。

⑯《グラデーションの分岐点》の一番右の ▯（分岐点2/2）をクリックします。

⑰《位置》が「100%」になっていることを確認します。

⑱《色》の 🎨▾ （色）をクリックし、一覧から《標準の色》の《赤》を選択します。

⑲《透明度》を「100%」に設定します。

❻

①円が選択されていることを確認します。

②《図形の書式設定》作業ウィンドウの《線》の詳細を表示します。

※表示されていない場合は、スクロールします。

※詳細が表示されていない場合は、《線》をクリックします。

③《線なし》を ⦿ にします。

④《図形の書式設定》作業ウィンドウの × （閉じる）をクリックします。

❼

①円を選択します。

②《書式》タブを選択します。

※お使いの環境によっては、《書式》が《図形の書式》と表示される場合があります。

③《配置》グループの 背面へ移動▾ （背面へ移動）の ▾ をクリックします。

④《最背面へ移動》をクリックします。

6 「製品紹介」スライドに関わる修正

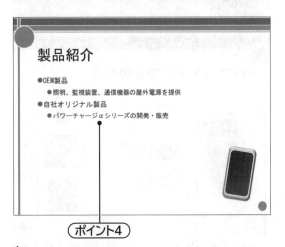

ポイント4

解答のポイント

ポイント4

「α」は、「あるふぁ」と入力して変換します。

操作手順

❶❷

①スライド4を選択します。

②「OEM製品」の後ろにカーソルを移動します。

③ Enter を押して、改行します。

④《ホーム》タブを選択します。

⑤《段落》グループの 壬 (インデントを増やす)をクリックします。

⑥「照明、監視装置、通信機器の屋外電源を提供」と入力します。

⑦同様に、「自社オリジナル製品」の次の行に説明を追加します。

❸

①「パワーチャージαシリーズ」を選択します。

②《ホーム》タブを選択します。

③《フォント》グループの A (フォントの色)の ▾ をクリックします。

④《標準の色》の《赤》を選択します。

⑤《フォント》グループの B (太字)をクリックします。

7 「海外市場の売上比率」スライドに関わる修正

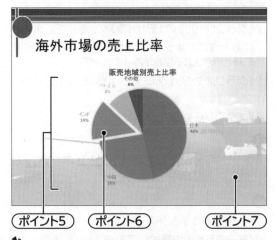

ポイント5　ポイント6　ポイント7

解答のポイント

ポイント5

グラフを作成するときは、スライドの内容に合ったグラフを選択します。ここでは、比率を示すグラフなので円グラフを選択します。

ポイント6

円グラフのデータ要素を外に向かってドラッグすると、円グラフから切り離すことができます。

ポイント7

《書式》タブ→《調整》グループの 色 (色)を使うと、写真を白黒にしたりセピアにしたりして、色を変更できます。
※お使いの環境によっては、《書式》が《図の形式》と表示される場合があります。

操作手順

❶

①スライド5を選択します。

②《挿入》タブを選択します。

③《図》グループの グラフ (グラフの追加)をクリックします。

④左側の一覧から《円》を選択します。

⑤右側の一覧から (円)を選択します。

⑥《OK》をクリックします。

⑦次のように入力します。

	A	B	C
1	地域	売上高(千万円)	
2	日本	690	
3	中国	390	
4	インド	210	
5	ベトナム	120	
6	その他	80	
7			

確認問題

第1回

第2回

第3回

採点シート

付録2

⑧ワークシートのウィンドウの × （閉じる）をクリックします。

❷

①グラフを選択します。

②《グラフツール》の《デザイン》タブを選択します。

※お使いの環境によっては、《デザイン》が《グラフのデザイン》と表示される場合があります。

③《グラフスタイル》グループの ▼ （その他）をクリックします。

④《スタイル9》をクリックします。

❸

①グラフタイトルを「販売地域別売上比率」に修正します。

❹

①データラベルを右クリックします。

②《データラベルの書式設定》をクリックします。

③《ラベルオプション》の ▊▊ （ラベルオプション）をクリックします。

④《ラベルオプション》の詳細を表示します。

※詳細が表示されていない場合は、《ラベルオプション》をクリックします。

⑤《ラベルの内容》の《パーセンテージ》を ✔ にします。

⑥《データラベルの書式設定》作業ウィンドウの × （閉じる）をクリックします。

❺

①「インド」のデータ要素を選択します。

※1度クリックすると、すべてのデータ要素が選択されます。再度クリックすると、クリックしたデータ要素が選択されます。

②円の外側に向けてドラッグします。

❻

①画像を選択します。

②《書式》タブを選択します。

※お使いの環境によっては、《書式》が《図の形式》と表示される場合があります。

③《調整》グループの 色▼ （色）をクリックします。

④《色の変更》の《ウォッシュアウト》をクリックします。

8 「新製品の紹介」スライドに関わる修正

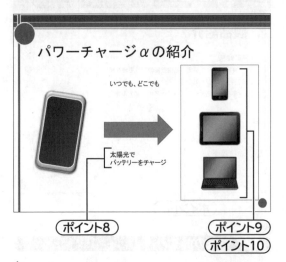

解答のポイント

ポイント8

スライドの任意の場所に文字を追加したいときは、テキストボックスを利用します。

ポイント9

ここでは用意されている画像ファイルの内容を確認して、「fig2」のスマートフォン、「fig4」のタブレット、「fig3」のノートPCを挿入します。

ポイント10

画像のサイズをそろえるときは、すべて選択して、高さや幅を指定すれば、まとめて設定できるので効率的です。

 操作手順

❶

①スライド6を選択します。

②スライドのタイトルを「パワーチャージαの紹介」に修正します。

❷

①《挿入》タブを選択します。

②《図》グループの (図形)をクリックします。

③ **2019**
《ブロック矢印》の → (矢印：右)をクリックします。

2016
《ブロック矢印》の → (右矢印)をクリックします。
※お使いの環境によっては、「右矢印」が「矢印：右」と表示される場合があります。

④「いつでも、どこでも」の下側で、始点から終点までドラッグします。

❸

①《挿入》タブを選択します。

②《テキスト》グループの (横書きテキストボックスの描画)をクリックします。

③テキストボックスを挿入する位置でクリックします。

④「太陽光で」と入力します。

⑤ Enter を押して、改行します。

⑥「バッテリーをチャージ」と入力します。

❹

①《挿入》タブを選択します。

②《画像》グループの (図)をクリックします。
※お使いの環境によっては、「図」が「画像を挿入します」と表示される場合があります。「画像を挿入します」と表示された場合は、《このデバイス》をクリックします。

③《ドキュメント》をクリックします。

④「日商PC プレゼン2級 PowerPoint2019／2016」をダブルクリックします。

⑤「模擬試験」をダブルクリックします。

⑥一覧から「fig2」を選択します。

⑦ Shift を押しながら、「fig4」を選択します。

⑧《挿入》をクリックします。

❺

①3つの画像が選択されていることを確認します。

②画像を右クリックします。

③《オブジェクトの書式設定》をクリックします。

④ (サイズとプロパティ)をクリックします。

⑤《サイズ》の詳細を表示します。
※詳細が表示されていない場合は、《サイズ》をクリックします。

⑥《縦横比を固定する》を ✔ にします。

⑦《高さ》を「3.2cm」に設定します。

⑧《図の書式設定》作業ウィンドウの × (閉じる)をクリックします。

⑨画像以外の場所をクリックし、複数の画像の選択を解除します。

⑩「タブレット」の画像を四角形の中央に移動します。

⑪「ノートPC」の画像を四角形の下部に移動します。

⑫「スマートフォン」の画像を四角形の上部に移動します。

❻

①3つの画像を選択します。
※1つ目の画像をクリックし Shift を押しながらその他の画像をクリックします。

②《書式》タブを選択します。
※お使いの環境によっては、《書式》が《図の形式》と表示される場合があります。

③《配置》グループの (オブジェクトの配置)をクリックします。

④《左右中央揃え》をクリックします。

9　新しいスライドの追加に関わる操作

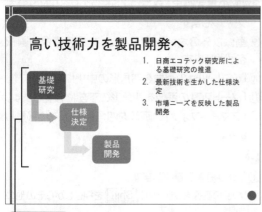

解答のポイント

ポイント11

[Enter]を押して改行すると、箇条書きの項目が新しく追加されます。

[Shift]を押しながら、[Enter]を押して改行すると、箇条書きの同一の項目内で改行されます。

操作手順

❶

①スライド6を選択します。

②《ホーム》タブを選択します。

③《スライド》グループの（新しいスライド）の 新しいスライド をクリックします。

④《2つのコンテンツ》をクリックします。

❷

①《タイトルを入力》をクリックし、「**高い技術力を製品開発へ**」と入力します。

※お使いの環境によっては、「タイトルを入力」が「ダブルタップしてタイトルを入力」と表示される場合があります。

❸

①左側のプレースホルダーの（SmartArtグラフィックの挿入）をクリックします。

②左側の一覧から《手順》を選択します。

③中央の一覧から《ステップダウンプロセス》を選択します。

④《OK》をクリックします。

❹

①SmartArtを選択します。

②テキストウィンドウの1行目に「**基礎研究**」と入力します。

③3行目に「**仕様決定**」と入力します。

④5行目に「**製品開発**」と入力します。

⑤テキストウィンドウの「**基礎研究**」の後ろにカーソルを移動します。

⑥[Delete]を押して、2階層目の項目を削除します。

⑦同様に、その他の2階層目の項目を削除します。

⑧「**基礎**」と「**研究**」のあいだにカーソルを移動します。

⑨[Shift]を押しながら[Enter]を押して、項目内で改行します。

⑩同様に、「**仕様**」と「**決定**」のあいだ、「**製品**」と「**開発**」のあいだで改行します。

❺

①SmartArtを選択します。

②《SmartArtツール》の《デザイン》タブを選択します。

③《SmartArtのスタイル》グループの（色の変更）をクリックします。

④《カラフル》の《カラフル-アクセント5から6》をクリックします。

❻

①《テキストを入力》をクリックし、「**日商エコテック研究所による基礎研究の推進**」と入力します。

※お使いの環境によっては、「テキストを入力」が「ダブルタップしてテキストを入力」と表示される場合があります。

②[Enter]を押して、改行します。

③「**最新技術を生かした仕様決定**」と入力します。

④[Enter]を押して、改行します。

⑤「**市場ニーズを反映した製品開発**」と入力します。

⑥箇条書きのプレースホルダーを選択します。

⑦《ホーム》タブを選択します。

⑧《段落》グループの（段落番号）をクリックします。

10　目次スライドに関わる操作

Contents
- ●会社概要
- ●太陽光発電のメリット
- ●製品紹介
- ●海外市場の売上比率
- ●パワーチャージαの紹介
- ●高い技術力を製品開発へ

ポイント13

解答のポイント

ポイント12

目次スライドの挿入位置は、タイトルスライドの次とします。

ポイント13

各スライドのタイトルを入力する際、アウトライン表示モードに切り替えると、タイトルを確認しやすくなります。

操作手順

❶

①スライド1を選択します。

②《ホーム》タブを選択します。

③《スライド》グループの　（新しいスライド）の　をクリックします。

④《タイトルとコンテンツ》をクリックします。

❷

①スライド2を選択します。

②《タイトルを入力》をクリックし、「Contents」と入力します。

※お使いの環境によっては、「タイトルを入力」が「ダブルタップしてタイトルを入力」と表示される場合があります。

❸

①《テキストを入力》をクリックし、「会社概要」と入力します。

※お使いの環境によっては、「テキストを入力」が「ダブルタップしてテキストを入力」と表示される場合があります。

②〔Enter〕を押して、改行します。

③同様に、その他の項目を入力します。

11　全スライドに関わる設定

完成例

●スライド1

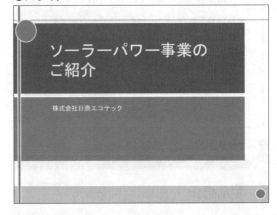

●スライド2

Contents
- ●会社概要
- ●太陽光発電のメリット
- ●製品紹介
- ●海外市場の売上比率
- ●パワーチャージαの紹介
- ●高い技術力を製品開発へ

●スライド3

会社概要
- ●商号：株式会社日商エコテック
- ●英文商号：NISHO ECO TECH INC.
- ●所在地：東京都港区芝大門X丁目X番X号
- ●設立：1970年4月1日
- ●資本金：3億5000万円

●スライド4

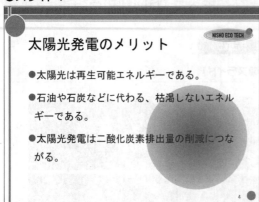

●スライド5

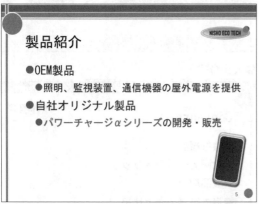

●スライド6

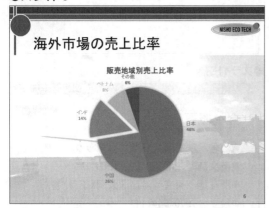

●スライド7

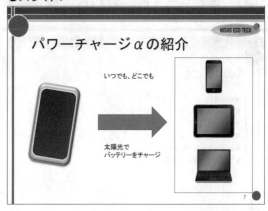

●スライド8

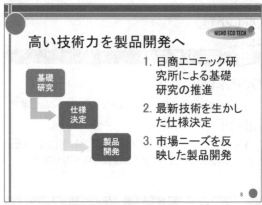

解答のポイント

ポイント14

すべてのスライドにロゴを表示するには、スライドマスターに切り替え、指定されたロゴを挿入します。

操作手順

❶

①《挿入》タブを選択します。

②《テキスト》グループの （ヘッダーとフッター）をクリックします。

③《スライド》タブを選択します。

④《スライド番号》を ✔ にします。

⑤《タイトルスライドに表示しない》を ✔ にします。

⑥《すべてに適用》をクリックします。

❷❸

①《表示》タブを選択します。

②《マスター表示》グループの （スライドマスター表示）をクリックします。

③ 2019

サムネイルの一覧から一番上の《サンプルテンプレート_A　ノート：スライド1-8で使用される》を選択します。

※お使いの環境によっては、「ノート」が「スライドマスター」と表示される場合があります。

2016

サムネイルの一覧から一番上の《サンプルテンプレート_A　スライドマスター：スライド1-8で使用される》を選択します。

④《挿入》タブを選択します。

⑤《画像》グループの □ (図)をクリックします。

※お使いの環境によっては、「図」が「画像を挿入します」と表示される場合があります。「画像を挿入します」と表示された場合は、《このデバイス》をクリックします。

⑥《ドキュメント》をクリックします。

⑦「日商PC　プレゼン2級 PowerPoint2019／2016」をダブルクリックします。

⑧「模擬試験」をダブルクリックします。

⑨一覧から「logo」を選択します。

⑩《挿入》をクリックします。

⑪画像を右クリックします。

⑫《図の書式設定》をクリックします。

⑬ ▦ (サイズとプロパティ)をクリックします。

⑭《サイズ》の詳細を表示します。

※詳細が表示されていない場合は、《サイズ》をクリックします。

⑮《縦横比を固定する》を ✔ にします。

⑯《高さ》を「1.5cm」に設定します。

⑰《図の書式設定》作業ウィンドウの ✕ (閉じる)をクリックします。

⑱画像をドラッグして、移動します。

⑲箇条書きのプレースホルダーを選択します。

⑳《ホーム》タブを選択します。

㉑《フォント》グループの MS ゴシック (フォント)の ▾ をクリックし、一覧から《MSPゴシック》を選択します。

㉒「マスターテキストの書式設定」を選択します。

㉓《フォント》グループの 20 ▾ (フォントサイズ)の ▾ をクリックし、一覧から《32》を選択します。

㉔「第2レベル」を選択します。

㉕《フォント》グループの 18 ▾ (フォントサイズ)の ▾ をクリックし、一覧から《28》を選択します。

㉖《スライドマスター》タブを選択します。

㉗《閉じる》グループの ✕ (マスター表示を閉じる)をクリックします。

❹

①《画面切り替え》タブを選択します。

②《画面切り替え》グループの ▾ (その他)をクリックします。

③《はなやか》の《ディゾルブ》をクリックします。

④《タイミング》グループの ▭ すべてに適用 (すべてに適用)をクリックします。

❺

①《スライドショー》タブを選択します。

②《設定》グループの ▣ スライドショーの設定 (スライドショーの設定)をクリックします。

③《Escキーが押されるまで繰り返す》を ✔ にします。

④《OK》をクリックします。

❻

①《ファイル》タブを選択します。

②《名前を付けて保存》をクリックします。

③《参照》をクリックします。

④ファイルを保存する場所を選択します。

※《ＰＣ》→《ドキュメント》→「日商ＰＣ　プレゼン2級 PowerPoint2019／2016」→「模擬試験」を選択します。

⑤《ファイル名》に「ソーラーパワー事業（完成）」と入力します。

⑥《保存》をクリックします。

知識科目

■問題1

(解答) **3** 主題の重要性を伝える。

(解説) 主題の重要性を伝えるのは、序論の役割です。詳細な根拠を示すのは本論の役割であり、プレゼン内容の重要ポイントや結論を整理して明確に示すのはまとめの役割です。

■問題2

(解答) **3** プレゼンの目的によって表示順序を変えたり、一部を省略したりしてスライドショーを再構成すること。

■問題3

(解答) **2** 漏れや重複がない状態でまとめる。

(解説) MECEとは、漏れがなく重複もない状態をいいます。

■問題4

(解答) **1**

(解説) 周辺技術が1つに融合する動きを示す状態は、矢印を融合する要素に向けることで表現できます。

■問題5

(解答) **2** 「ボックス循環」(下図)を使用

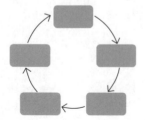

■ 問題6

(解答) **2** 256通り

■ 問題7

(解答) **1** 自由に移動することができる。

■ 問題8

(解答) **2** プレゼンの内容に合わないアニメーションを多数設定したり派手過ぎる効果を設定したりして、本当に伝えたい内容がかすんでしまわないように注意しなければならない。

(解説) アニメーションを効果的に使うためには、設定箇所を絞り、過度な表現は控えましょう。1スライドにつき1箇所にだけ設定するという決まりはありません。

■ 問題9

(解答) **3** 効果的に使うと、プレゼンに変化やメリハリを感じさせる。

(解説) 画面切り替え効果を使う場合は、1つか2つに種類を絞るのが効果的です。画面切り替え効果とアニメーションの両方を使うこともできますが、にぎやかになり過ぎないように注意が必要です。

■ 問題10

(解答) **1** 聞き手に視線を送る、アイコンタクトを活用する。

(解説) プレゼン本番では、視線を会場全体に行き渡るように自然に移動させるのが適切です。キーパーソンがわかっている場合には、重要な部分でアイコンタクトを送ると印象を強めます。

確認問題

第1回

第2回

第3回

採点シート

付録2

1 ファイル「せとうちマリン水族館活性化提案」へのテーマの適用

🖱 操作手順

❶

①《デザイン》タブを選択します。

②《テーマ》グループの ▾ (その他)をクリックします。

③《Office》の《ウィスプ》をクリックします。

2 タイトルスライドに関わる修正

🖱 操作手順

❶

①スライド1を選択します。

②「提案書」を選択します。

③「せとうちマリン水族館」と入力します。

④ Enter を押して、改行します。

⑤「活性化提案」と入力します。

❷

①《サブタイトルを入力》をクリックし、「2021年7月1日」と入力します。

※お使いの環境によっては、「サブタイトルを入力」が「ダブルタップしてサブタイトルを入力」と表示される場合があります。

② Enter を押して、改行します。

③「せとうちマリン水族館株式会社　企画課」と入力します。

❸

①《挿入》タブを選択します。

②《画像》グループの 🖼 (図)をクリックします。

※お使いの環境によっては、「図」が「画像を挿入します」と表示される場合があります。「画像を挿入します」と表示された場合は、《このデバイス》をクリックします。

③《ドキュメント》をクリックします。

④「日商PC プレゼン2級 PowerPoint2019／2016」をダブルクリックします。

⑤「模擬試験」をダブルクリックします。

⑥一覧から「dolphin」を選択します。

⑦《挿入》をクリックします。

⑧画像の位置とサイズを調整します。

3 「調査の目的」スライドに関わる修正

調査の目的

- せとうちマリン水族館は2007年の開業以来、来場客が上昇してきたが、2020年、初の減少に転じた。
- 現状打開のために来場客にアンケートを実施した。
- 来場客の増加を図るための活性化プランを検討した。

ポイント1

解答のポイント

ポイント1

設問には「文章を3項目の箇条書きに整理する」とあります。スライドを見ると2つの文章があり、2つ目には「アンケートを実施」と「活性化プランを検討」が含まれているので、これらを分けて箇条書きにします。箇条書きにするとき、不要な接続詞があれば削除します。

また、文章は「ですます体」で書かれていますが、「である体」と指示されているので、すべて「である体」に修正します。

操作手順

❶❷

① スライド2を選択します。

② 次のように箇条書きを修正します。

> ● せとうちマリン水族館は2007年の開業以来、来場客が上昇してきたが、2020年、初の減少に転じた。
> ● 現状打開のために来場客にアンケートを実施した。
> ● 来場客の増加を図るための活性化プランを検討した。

❸

① 箇条書きのプレースホルダーを選択します。

② 《ホーム》タブを選択します。

③ 《段落》グループの ≡▼ (行間)をクリックします。

④ 《2.0》をクリックします。

4 「来場者数推移」スライドに関わる修正

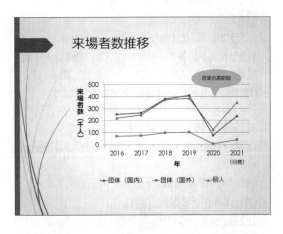

操作手順

❶

① スライド3を選択します。

② グラフを選択します。

③ 《グラフツール》の《デザイン》タブを選択します。

※お使いの環境によっては、《デザイン》が《グラフのデザイン》と表示される場合があります。

④ 《種類》グループの 📊 (グラフの種類の変更)をクリックします。

⑤ 左側の一覧から《折れ線》を選択します。

⑥ 右側の一覧から 📈 (マーカー付き折れ線)を選択します。

⑦ 《OK》をクリックします。

❷

① グラフを選択します。

② 《グラフツール》の《デザイン》タブを選択します。

※お使いの環境によっては、《デザイン》が《グラフのデザイン》と表示される場合があります。

③ 《データ》グループの 📝 (データを編集します)をクリックします。

④ 次のように入力します。

◢	A	B	C	D	E
1		団体(国内)	団体(国外)	個人	
2	2016	252	70	220	
3	2017	263	75	245	
4	2018	380	98	374	
5	2019	408	102	384	
6	2020	78	6	125	
7	2021	235	40	350	
8					

⑤ ワークシートのウィンドウの ✕ (閉じる)をクリックします。

確認問題

第1回

第2回

第3回

採点シート

付録2

❸

① グラフを選択します。

② ✚ をクリックします。

③《グラフ要素》の《軸ラベル》を ☑ にします。

④《軸ラベル》の ▶ をクリックし、《第1横軸》と《第1縦軸》が ☑ になっていることを確認します。

※《軸ラベル》をポイントすると、▶ が表示されます。

※グラフ以外の場所をクリックしておきましょう。

⑤ 項目軸の「軸ラベル」を「年」に修正します。

⑥ 値軸の「軸ラベル」を「来場者数(千人)」に修正します。

⑦ 軸ラベル「来場者数(千人)」を選択します。

⑧《ホーム》タブを選択します。

⑨《段落》グループの ⩗ (文字列の方向)をクリックします。

⑩《縦書き》をクリックします。

❹

① グラフを選択します。

② ✚ をクリックします。

③《グラフ要素》の《凡例》を ☑ にします。

④ ▶ をクリックし、一覧から《下》を選択します。

※《凡例》をポイントすると、▶ が表示されます。

※グラフ以外の場所をクリックしておきましょう。

❺

①《挿入》タブを選択します。

②《テキスト》グループの 🅰 (横書きテキストボックスの描画)をクリックします。

③ テキストボックスを挿入する位置でクリックします。

④「(目標)」と入力します。

⑤ テキストボックスを選択します。

⑥《ホーム》タブを選択します。

⑦《フォント》グループの 18 (フォントサイズ)の ⩗ をクリックし、一覧から《14》を選択します。

❻

①《挿入》タブを選択します。

②《図》グループの (図形)をクリックします。

③ **2019**

《吹き出し》の 💬 (吹き出し:円形)をクリックします。

2016

《吹き出し》の 💬 (円形吹き出し)をクリックします。

※お使いの環境によっては、「円形吹き出し」が「吹き出し:円形」と表示される場合があります。

④ グラフ上で、始点から終点までドラッグします。

⑤ 円形吹き出しが選択されていることを確認します。

⑥「営業自粛期間」と入力します。

---

⑦ 円形吹き出しの黄色の○(ハンドル)をドラッグして、「2019年」から「2020年」にかけて急減している折れ線に向けます。

⑧《ホーム》タブを選択します。

⑨《フォント》グループの 18 (フォントサイズ)の ⩗ をクリックし、一覧から《14》を選択します。

⑩《書式》タブを選択します。

※お使いの環境によっては、《書式》が《図形の書式》と表示される場合があります。

⑪《図形のスタイル》グループの ⩗ (その他)をクリックします。

⑫《パステル-オリーブ、アクセント5》をクリックします。

⑬ 円形吹き出しの位置とサイズを調整します。

---

5 新しいスライドの追加に関わる操作

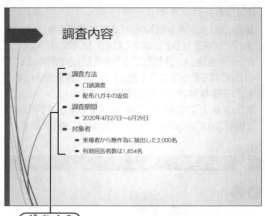

ポイント2

📖 解答のポイント

ポイント2

設問には「2階層の箇条書きでまとめる」とあり、さらに「1階層目は3項目とする」と指示されています。設問に提示された文章を見ると、2つの文章があり、1つ目の文章には「調査方法」と「調査期間」、2つ目の文章には「対象者」についての内容が含まれています。そこで、これらを3項目の箇条書きとして、それぞれの内容を2階層目に抜き出します。

また、「体言止め」と指示されているので、すべて「体言止め」にします。

❶

① スライド3を選択します。

②《ホーム》タブを選択します。

③《スライド》グループの 🖾 （新しいスライド）をクリックします。

④《タイトルを入力》をクリックし、「調査内容」と入力します。

※お使いの環境によっては、「タイトルを入力」が「ダブルタップしてタイトルを入力」と表示される場合があります。

❷❸

①《テキストを入力》をクリックし、次のように箇条書きを入力します。

※お使いの環境によっては、「テキストを入力」が「ダブルタップしてテキストを入力」と表示される場合があります。

- 調査方法
- 口頭調査
- 配布ハガキの返信
- 調査期間
- 2020年4月27日～6月29日
- 対象者
- 来場者から無作為に抽出した2,000名
- 有効回答者数は1,854名

② 「口頭調査」から「配布ハガキの返信」までの行を選択します。

③《ホーム》タブを選択します。

④《段落》グループの 🔳 （インデントを増やす）をクリックします。

⑤ 「2020年4月27日～6月29日」の行にカーソルを移動します。

⑥ F4 を押します。

⑦ 「来場者から無作為に抽出した2,000名」から「有効回答者数は1,854名」の行を選択します。

⑧ F4 を押します。

6 「2020年アンケートより来場者の声」スライドに関わる修正

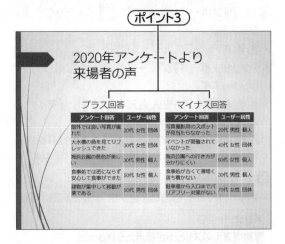

ポイント3

確認問題

第1回

第2回

第3回

採点シート

付録2

 解答のポイント

（ポイント3）

スライドのレイアウトを「比較」に変更すると、左右のプレースホルダーの上部にテキストのプレースホルダーが表示されます。ここに、表のタイトルを入力します。

 操作手順

❶

① スライド5を選択します。

②《ホーム》タブを選択します。

③《スライド》グループの 🔳 レイアウト▾ （スライドのレイアウト）をクリックします。

④《比較》をクリックします。

※お使いの環境によっては、表がプレースホルダーの中に収まらない場合があります。その場合は、表のサイズと位置を調整して、左側のプレースホルダー内に収まるようにします。

❷

① 左側の《テキストを入力》をクリックし、「プラス回答」と入力します。

※お使いの環境によっては、「テキストを入力」が「ダブルタップしてテキストを入力」と表示される場合があります。

❸

① 表を選択します。

②《表ツール》の《デザイン》タブを選択します。

※お使いの環境によっては、《デザイン》が《テーブルデザイン》と表示される場合があります。

③《表のスタイル》グループの 🔳 （その他）をクリックします。

④《中間》の《中間スタイル2-アクセント1》をクリックします。

❹

①表を選択します。

②《ホーム》タブを選択します。

③《クリップボード》グループの ⬛ (コピー)をクリックします。

④右側のプレースホルダーを選択します。

⑤《クリップボード》グループの ⬛ (貼り付け)をクリックします。

⑥右側の《テキストを入力》をクリックし、「マイナス回答」と入力します。

※お使いの環境によっては、「テキストを入力」が「ダブルタップしてテキストを入力」と表示される場合があります。

❺

①右側の表の1列目のセルを次のように修正します。

アンケート回答
写真撮影用のスポットが見当たらなかった
イベントが開催されていなかった
海浜公園への行き方が分かりにくい
食事処が古くて薄暗く落ち着かない
駐車場から入口までバリアフリー対策がない

②右側の表の2～4列目のセルを次のように修正します。

ユーザー属性		
20代	男性	個人
40代	女性	団体
50代	女性	個人
30代	男性	個人
70代	女性	団体

7　新しいスライドの追加に関わる操作

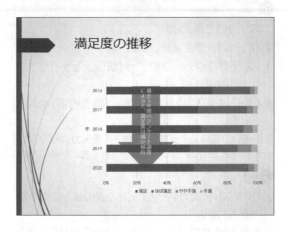

🖱 操作手順

❶

①スライド5を選択します。

②《ホーム》タブを選択します。

③《スライド》グループの ⬛ (新しいスライド)の 新しい スライド▾ をクリックします。

④《タイトルのみ》をクリックします。

❷

①《タイトルを入力》をクリックし、「満足度の推移」と入力します。

※お使いの環境によっては、「タイトルを入力」が「ダブルタップしてタイトルを入力」と表示される場合があります。

❸

①Excelのファイル「満足度調査」を開きます。

②グラフを選択します。

③《ホーム》タブを選択します。

④《クリップボード》グループの ⬛ (コピー)をクリックします。

⑤PowerPointに切り替えます。

⑥スライド6を選択します。

⑦《ホーム》タブを選択します。

⑧《クリップボード》グループの ⬛ (貼り付け)の 貼り付け ▾ をクリックします。

⑨ ⬛ (貼り付け先のテーマを使用しブックを埋め込む)をクリックします。

⑩グラフの位置とサイズを調整します。

❹
①グラフが選択されていることを確認します。
②《グラフツール》の《デザイン》タブを選択します。
※お使いの環境によっては、《デザイン》が《グラフのデザイン》と表示される場合があります。
③《グラフスタイル》グループの 🎨 (グラフクイックカラー)をクリックします。
④《モノクロ》の《モノクロ パレット2》をクリックします。

❺
①グラフタイトルを選択します。
②[Delete]を押します。

❻
①グラフを選択します。
② ➕ をクリックします。
③《グラフ要素》の《軸ラベル》を ☑ にします。
④《軸ラベル》の ▶ をクリックし、《第1横軸》を ☐、《第1縦軸》を ☑ にします。
※《軸ラベル》をポイントすると、▶ が表示されます。
※グラフ以外の場所をクリックしておきましょう。
⑤「軸ラベル」を「年」に修正します。
⑥軸ラベルを選択します。
⑦《ホーム》タブを選択します。
⑧《段落》グループの ⅢA▾ (文字列の方向)をクリックします。
⑨《縦書き》をクリックします。

❼❽
①《挿入》タブを選択します。
②《図》グループの 📷 (図形)をクリックします。
③ **2019**
　《ブロック矢印》の ⬇ (矢印:下)をクリックします。
　2016
　《ブロック矢印》の ⬇ (下矢印)をクリックします。
　※お使いの環境によっては、「下矢印」が「矢印:下」と表示される場合があります。
④「満足」のデータ系列の上で、始点から終点までドラッグします。
⑤下矢印が選択されていることを確認します。
⑥「過去5年間のアンケート調査によると、満足度は減少傾向」と入力します。

❾❿
①下矢印を右クリックします。
②《図形の書式設定》をクリックします。
※グラフを選択して図形を作成した場合は、《オブジェクトの書式設定》をクリックします。
③《図形のオプション》の 🖌 (塗りつぶしと線)をクリックします。
④《塗りつぶし》の詳細を表示します。
※詳細が表示されていない場合は、《塗りつぶし》をクリックします。
⑤《塗りつぶし(単色)》を ⦿ にします。
⑥《色》の 🎨▾ (塗りつぶしの色)をクリックし、一覧から《標準の色》の《赤》を選択します。
⑦《透明度》を「50%」に設定します。
⑧《線》の詳細を表示します。
※詳細が表示されていない場合は、《線》をクリックします。
⑨《線なし》を ⦿ にします。
⑩《図形の書式設定》作業ウィンドウの ✕ (閉じる)をクリックします。

⓫
①下矢印を選択します。
②《ホーム》タブを選択します。
③《フォント》グループの 18▾ (フォントサイズ)の ▾ をクリックし、一覧から《14》を選択します。

⓬
①下矢印を選択します。
②《ホーム》タブを選択します。
③《段落》グループの ⅢA▾ (文字列の方向)をクリックします。
④《縦書き》をクリックします。
⑤下矢印の位置とサイズを調整します。

確認問題

第1回

第2回

第3回

採点シート

付録2

8 「活性化プラン」スライドに関わる修正

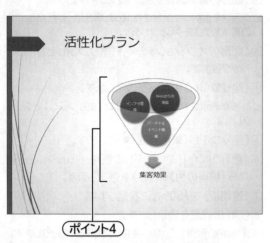

ポイント4

解答のポイント

ポイント4

SmartArtの「フィルター」は、複数の要素と、それらから導き出される1つの結果の要素で構成されます。テキストウィンドウの最終行に結果を示す要素を入力します。

操作手順

❶❷

①スライド7を選択します。

②箇条書きのプレースホルダーを選択します。

③《ホーム》タブを選択します。

④《段落》グループの（SmartArtグラフィックに変換）をクリックします。

⑤《その他のSmartArtグラフィック》をクリックします。

⑥左側の一覧から《集合関係》を選択します。

⑦中央の一覧から《フィルター》を選択します。

⑧《OK》をクリックします。

⑨SmartArtが選択されていることを確認します。

⑩テキストウィンドウの「バーチャルイベント開催」の後ろにカーソルを移動します。

⑪[Enter]を押して、改行します。

⑫「集客効果」と入力します。

❸

①SmartArtを選択します。

②《SmartArtツール》の《デザイン》タブを選択します。

③《SmartArtのスタイル》グループの（その他）をクリックします。

④《ドキュメントに最適なスタイル》の《光沢》をクリックします。

❹

①SmartArtを選択します。

②《アニメーション》タブを選択します。

③《アニメーション》グループの（その他）をクリックします。

※お使いの環境によっては、「その他」が「アニメーションスタイル」と表示される場合があります。

④《開始》の《フェード》をクリックします。

⑤《アニメーション》グループの（効果のオプション）をクリックします。

⑥《個別》をクリックします。

9 ファイル「検討課題と提案」に関わる操作

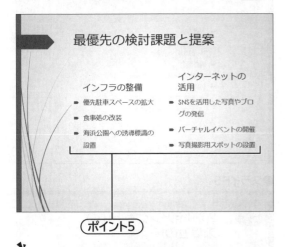

最優先の検討課題と提案

インフラの整備
● 優先駐車スペースの拡大
● 食事処の改装
● 海浜公園への誘導標識の設置

インターネットの活用
● SNSを活用した写真やブログの発信
● バーチャルイベントの開催
● 写真撮影用スポットの設置

ポイント5

解答のポイント

ポイント5

設問では、「最優先の検討課題と提案」を2つの内容に分類したうえで、それぞれ3項目の箇条書きに整理すると指示されています。そこで、文章から必要な部分を読み取り、2つに分けます。文章の冒頭部分はここでまとめる主旨の「検討課題」と「提案」ではないため削除し、後半に書かれている「1つ目は」と「2つ目は」に注目します。これらは、「インフラの整備」と「インターネットの活用」に関する検討課題と提案であることが読み取れます。スライドのレイアウトでは「比較」が指示されているので、「インフラの整備」と「インターネットの活用」を見出しとして利用します。また、Wordファイルから文章をコピーするときは、貼り付け先の書式に合うようにテキストのみを貼り付けます。

操作手順

❶

①スライド7を選択します。
②《ホーム》タブを選択します。
③《スライド》グループの (新しいスライド)の 新しいスライド▼ をクリックします。
④《比較》をクリックします。

❷

①《タイトルを入力》をクリックし、「**最優先の検討課題と提案**」と入力します。
※お使いの環境によっては、「タイトルを入力」が「ダブルタップしてタイトルを入力」と表示される場合があります。

❸

①Wordのファイル「**検討課題と提案**」を開きます。
②ファイルの内容を確認します。
③PowerPointに切り替えます。

④スライド8を選択します。
⑤左側の《テキストを入力》をクリックし、「**インフラの整備**」と入力します。
※お使いの環境によっては、「テキストを入力」が「ダブルタップしてテキストを入力」と表示される場合があります。
⑥右側の《テキストを入力》をクリックし、「**インターネットの活用**」と入力します。
※お使いの環境によっては、「テキストを入力」が「ダブルタップしてテキストを入力」と表示される場合があります。

❹❺❻

①Wordに切り替えます。
②「具体策としては…」から「…誘導標識の設置を検討する。」まで(8～9行目)を選択します。
③《ホーム》タブを選択します。
④《クリップボード》グループの 🗋 (コピー)をクリックします。
⑤PowerPointに切り替えます。
⑥スライド8を選択します。
⑦左側の《テキストを入力》をクリックします。
※お使いの環境によっては、「テキストを入力」が「ダブルタップしてテキストを入力」と表示される場合があります。
⑧《ホーム》タブを選択します。
⑨《クリップボード》グループの 🗋 (貼り付け)の 貼り付け▼ をクリックします。
⑩ 🗛 (テキストのみ保持)をクリックします。
⑪次のように箇条書きを修正します。

> ● 優先駐車スペースの拡大
> ● 食事処の改装
> ● 海浜公園への誘導標識の設置

⑫同様に、ファイル「検討課題と提案」の「具体策としては…」から「…検討が急務である。」まで(12～13行目)をコピーし、右側のプレースホルダーにコピーし、次のように修正します。

> ● SNSを活用した写真やブログの発信
> ● バーチャルイベントの開催
> ● 写真撮影用スポットの設置

❼

①左側の箇条書きのプレースホルダーを選択します。
②《ホーム》タブを選択します。
③《段落》グループの 📐▼ (行間)をクリックします。
④《1.5》をクリックします。
⑤右側の箇条書きのプレースホルダーを選択します。
⑥ F4 を押します。
※プレースホルダーのサイズを調整しておきましょう。

確認問題

第 1 回

第 2 回

第 3 回

採点シート

付録 2

10　全スライドに関わる設定

完成例

●スライド1

●スライド2

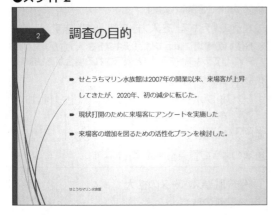

●スライド3

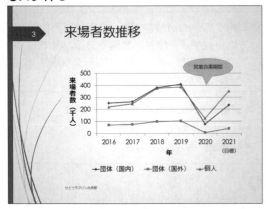

●スライド4

●スライド5

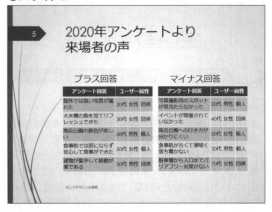

●スライド6

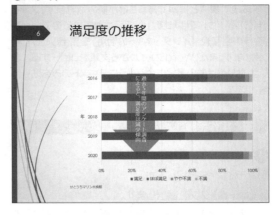

●スライド7

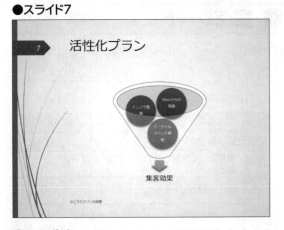

●スライド8

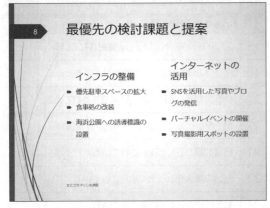

確認問題

第1回

第2回

第3回

採点シート

付録2

❹

①《ファイル》タブを選択します。

②《名前を付けて保存》をクリックします。

③《参照》をクリックします。

④ファイルを保存する場所を選択します。

※《PC》→《ドキュメント》→「日商PC プレゼン2級 PowerPoint2019／2016」→「模擬試験」を選択します。

⑤《ファイル名》に「せとうちマリン水族館活性化提案（完成）」と入力します。

⑥《保存》をクリックします。

操作手順

❶❷

①《挿入》タブを選択します。

②《テキスト》グループの （ヘッダーとフッター）をクリックします。

③《スライド》タブを選択します。

④《スライド番号》を ✔ にします。

⑤《フッター》を ✔ にし、「せとうちマリン水族館」と入力します。

⑥《タイトルスライドに表示しない》を ✔ にします。

⑦《すべてに適用》をクリックします。

❸

①《画面切り替え》タブを選択します。

②《画面切り替え》グループの （その他）をクリックします。

③《はなやか》の《ディゾルブ》をクリックします。

④《タイミング》グループの すべてに適用 （すべてに適用）をクリックします。

第1回 模擬試験 採点シート

知識科目

問題	解答	正答	備考欄
1			
2			
3			
4			
5			
6			
7			
8			
9			
10			

実技科目

No.	内容	判定
ファイル「情報セキュリティーマネジメント全社基本教育」		
1	テンプレートが正しく適用されている。	
2	配色が正しく変更されている。	
「内容」スライド		
3	タイトルスライドの後ろに「内容」スライドが挿入されている。	
4	タイトルが正しく入力されている。	
5	箇条書きが正しく入力されている。	
「情報セキュリティーの三要素」スライド		
6	「内容」スライドの後ろに「情報セキュリティーの三要素」スライドが挿入されている。	
7	スライドのタイトルが正しく入力されている。	
8	箇条書きが正しく入力され、末尾が「体言止め」で統一されている。	
「情報セキュリティーマネジメントの必要性」スライド		
9	箇条書きが正しく入力され、末尾が「体言止め」で統一されている。	
「情報セキュリティーマネジメントシステムの構成」スライド		
10	SmartArtに図解要素「細則類」が正しく挿入されている。	
11	SmartArtの図解要素「方針」に図形のスタイルと文字の色が正しく設定されている。	
12	円形吹き出しが挿入され、文字が正しく入力されている。	
13	円形吹き出しのスタイルが正しく設定されている。	

No.	内容	判定
「情報取り扱いのリスク」スライド		
14	表が正しく分割され、セル内の内容が適切である。	
15	表の列幅が正しく設定されている。	
16	セル内の文字が正しく配置されている。	
17	表のスタイルが正しく設定されている。	
「漏洩事故の原因別件数」スライド		
18	スライドのタイトルが正しく変更されている。	
19	グラフの種類が正しく変更されている。	
20	グラフの項目とデータが正しく変更されている。	
21	データラベルに件数だけが表示されている。	
22	目盛間隔が正しく設定されている。	
23	目盛の最大値が正しく設定されている。	
24	軸ラベルが正しく設定されている。	
25	グラフのスタイルが正しく設定されている。	
「漏洩事故による社会的責任」スライド		
26	別ファイルからスライドが正しく挿入されている。	
27	スライドのタイトルが正しく変更されている。	
28	箇条書きの末尾が「体言止め」に修正されている。	
29	「刑事的責任」の図解が正しく配置され、文字も正しく入力されている。	
30	「信用の失墜」の図形の種類が正しく変更されている。	
31	「信用の失墜」の図形のスタイルが正しく設定されている。	
全スライド		
32	スライドが正しい順番で並んでいる。	
33	タイトルスライド以外のすべてのスライドに、スライド番号が挿入され、フォントサイズが正しく設定されている。	
34	タイトルスライド以外のすべてのスライドに、フッターが正しく挿入されている。	
35	すべてのスライドに画面切り替え効果が正しく設定されている。	
36	正しい保存先に正しいファイル名で保存されている。	

第2回 模擬試験 採点シート

知識科目

問題	解答	正答	備考欄
1			
2			
3			
4			
5			
6			
7			
8			
9			
10			

実技科目

No.	内容	判定
ファイル「ソーラーパワー事業」		
1	テンプレートが正しく適用されている。	
2	配色が正しく変更されている。	
タイトルスライド		
3	タイトルが正しく入力されている。	
4	サブタイトルとして社名が正しく入力されている。	
「Contents」スライド		
5	タイトルスライドの後ろに「Contents」スライドが挿入されている。	
6	スライドのタイトルが正しく入力されている。	
7	箇条書きが正しく入力されている。	
「会社概要」スライド		
8	別ファイルからスライドが正しく挿入されている。	
9	箇条書きが正しい順序で入力され、不要な項目は削除されている。	
「太陽光発電のメリット」スライド		
10	箇条書きが正しく入力され、末尾が「である体」で統一されている。	
11	箇条書きのフォントサイズが正しく設定されている。	
12	箇条書きの行間が正しく設定されている。	
13	円が正しいサイズで配置され、文字の背後に移動されている。	

No.	内容	判定
14	円にグラデーションが正しく設定され、枠線が非表示になっている。	
「製品紹介」スライド		
15	箇条書きが正しく入力されている。	
16	文字の書式が正しく設定されている。	
「海外市場の売上比率」スライド		
17	グラフが正しく作成されている。	
18	グラフのスタイルが正しく設定されている。	
19	グラフタイトルが正しく設定されている。	
20	データラベルが正しく設定されている。	
21	「インド」のデータ要素が切り離されている。	
22	背景の写真の色が正しく設定されている。	
「パワーチャージαの紹介」スライド		
23	スライドのタイトルが正しく変更されている。	
24	右矢印が正しく挿入されている。	
25	テキストボックスが挿入され、文字が正しく入力されている。	
26	3つの画像が正しく配置されている。	
27	3つの画像の高さが正しく設定されている。	
「高い技術力を製品開発へ」スライド		
28	「パワーチャージαの紹介」スライドの後ろに「高い技術力を製品開発へ」スライドが挿入されている。	
29	スライドのタイトルが正しく入力されている。	
30	SmartArtが正しく挿入され、文字も正しく入力されている。	
31	SmartArtの色が正しく設定されている。	
32	箇条書きが正しく入力され、連番が付いている。	
全スライド		
33	タイトルスライド以外のすべてのスライドに、スライド番号が挿入されている。	
34	タイトルスライド以外のすべてのスライドに、会社のロゴが正しく配置されている。	
35	すべてのスライドの箇条書きの書式が正しく設定されている。	
36	すべてのスライドに画面切り替え効果が正しく設定されている。	
37	「Escキーが押されるまで繰り返す」ようにスライドショーが設定されている。	
38	正しい保存先に正しいファイル名で保存されている。	

確認問題

第1回

第2回

第3回

採点シート

付録2

第3回 模擬試験 採点シート

チャレンジした日付
　　　　年　　　　月　　　　日

知識科目

問題	解答	正答	備考欄
1			
2			
3			
4			
5			
6			
7			
8			
9			
10			

実技科目

No.	内容	判定
ファイル「せとうちマリン水族館活性化提案」		
1	テーマが正しく変更されている。	
タイトルスライド		
2	タイトルが正しく入力されている。	
3	サブタイトルとして日付と社名と部署名が正しく入力されている。	
4	画像が正しく挿入されている。	
「調査の目的」スライド		
5	箇条書きが正しく入力され、末尾が「である体」で統一されている。	
6	箇条書きの行間が正しく設定されている。	
「来場者数推移」スライド		
7	グラフの種類が正しく変更されている。	
8	グラフに「個人」のデータが正しく追加されている。	
9	軸ラベルが正しく設定されている。	
10	凡例が正しく表示されている。	
11	円形吹き出しが挿入され、文字が正しく入力されている。	
12	円形吹き出しのスタイルが正しく設定されている。	
「調査内容」スライド		
13	「来場者数推移」スライドの後ろに「調査内容」スライドが挿入されている。	

No.	内容	判定
14	箇条書きが正しく入力され、末尾が「体言止め」で統一されている。	
「2020年アンケートより来場者の声」スライド		
15	スライドのレイアウトが正しく変更されている。	
16	表のタイトルや内容が正しく入力されている。	
17	表のスタイルが正しく設定されている。	
「満足度の推移」スライド		
18	「2020年アンケートより来場者の声」スライドの後ろに「満足度の推移」スライドが挿入されている。	
19	スライドのタイトルが正しく入力されている。	
20	別ファイルからグラフが正しくコピーされている。	
21	グラフタイトルが削除されている。	
22	軸ラベルが正しく設定されている。	
23	下矢印が正しく配置され、文字も正しく入力されている。	
24	下矢印の書式が正しく設定されている。	
「活性化プラン」スライド		
25	SmartArtが正しく挿入され、文字も正しく配置されている。	
26	SmartArtのスタイルが正しく設定されている。	
27	アニメーションが正しく設定されている。	
「最優先の検討課題と提案」スライド		
28	「活性化プラン」スライドの後ろに「最優先の検討課題と提案」スライドが挿入されている。	
29	スライドのレイアウトが正しく設定されている。	
30	スライドのタイトルが正しく入力されている。	
31	箇条書きが正しく入力され、末尾が「体言止め」で統一されている。	
32	箇条書きの行間が正しく設定されている。	
全スライド		
33	タイトルスライド以外のすべてのスライドに、スライド番号が挿入されている。	
34	タイトルスライド以外のすべてのスライドに、フッターが正しく挿入されている。	
35	すべてのスライドに画面切り替え効果が正しく設定されている。	
36	正しい保存先に正しいファイル名で保存されている。	

確認問題

第1回

第2回

第3回

採点シート

付録2

知識科目

知識問題を解答する際の基本的な注意事項

知識問題の記述方法について、以下に注意事項を挙げる。

- ・問われていることについて、具体的な情報を盛り込んで記述すること。
- ・文字数は指定された文字数の範囲内で記述すること。過少、過剰の場合は、採点に影響する可能性がある。
- ・文末表現を統一すること。(「です・ます」調、「だ・である」調)
- ・誤字、脱字がないこと。
- ・問題文に何か指定されていることがあれば、それに基づき記述すること。
- ・複数項目について説明する際には、「1つ目は・・・。2つ目は・・・。3つ目は・・・。」というような流れにするとよい。

問題1(共通分野)

A 標準解答

> ファイル名やフォルダー名の付け方は、社内においてルール化することが重要である。まずファイル名は、報告書を保存するのであれば、「20210901_業務報告書.docx」などのように「年月日&適切な文書名」とする。作成途中のものは「バージョン番号」を入れるとよい。またフォルダー名は、テーマ、固有名詞、時系列、文書の種類などがわかるように名前を付けて分類し、そのフォルダーの中にサブフォルダーを作成して管理する。たとえば、作成途中の業務報告書を保存する場合、「総務部」、「2021年度業務報告」、「01進行中」というフォルダーの中に、「20210901_業務報告書_ver1.docx」として保存するとよい。

解答のポイント

解答のポイントを箇条書きで示すと、次のようになる。

- ● なぜこの問題が出題されているのか?つまり、ファイル名やフォルダー名の付け方で生産性が左右されることを問題にしている。
- ● ここで重要な点は、会社においてルール化することの重要性を記述することである。
- ● また、ファイル名とフォルダー名の両方が問われているので、両方について記述する。
- ● ファイル名については、適切な文書名を付けることは当然だが、作成した年月日を文書名の前か後ろに付けることで、検索しやすくなるので、年月日を付け加えることを記述する。
- ● 進行中の作成ファイルは状況に応じてバージョン番号を付けることで、履歴を確認することができる。
- ● フォルダー名は、「総務部」「人事課」等の大きな括りでフォルダーを作成後、そのフォルダーの中に「2021年度_採用関係」のように年度&業務名ごとの小分類のサブフォルダーを作成する。

- またサブフォルダーには「01進行中」「02保管用」のように、進捗状況に応じて保存できるような作業用のフォルダーを作成し、適切に保存するようにする。

実際の解答は、以上のポイントをもとに指定された文字数で文章にまとめる。

問題1（共通分野）

B 標準解答

> クラウドサービスのメリットとしては、インターネットの環境が整っていれば外部からアクセスできること、サーバー等の専任管理者が不要であること、比較的短期間で導入できること等が挙げられ、クラウドサービスは、テレワーク導入促進の役割を担っている。特にクラウドストレージサービスを使用すれば、社内での共有ファイルを外部から利用することもできることから、ファイルやデータの一元管理が可能である。また、バージョン履歴管理機能が備わっているものも多く、誤操作してもデータの復元ができることもメリットの1つである。

解答のポイント

解答のポイントを箇条書きで示すと、次のようになる。

- 問題文に「テレワーク」という言葉が含まれていることから、「テレワーク」に関することを意識する。
- クラウドサービスのメリットとして、「インターネット環境下であれば外部からアクセスできること」「サーバー等の管理者が不要であること」「短期間での導入が可能なこと」等を挙げる。
- 「一元管理」という言葉を使用することから、ここではファイルの一元管理を例としてクラウドストレージサービスについて説明する。
- 指定された文字数内であれば、クラウドストレージサービスのメリットを入れてもよい。

実際の解答は、以上のポイントをもとに指定された文字数で文章にまとめる。

問題2（プレゼン資料作成分野）

A 標準解答

> マトリックス図は、直交する縦軸・横軸を2分割して作った4つのマス目（象限）に、キーワードや分類した項目を配置したものである。全体の中で個々の要素がどのような位置付けにあるのかを明確にでき、現状をわかりやすく知らせるのに役立つ。マトリックス図は、複雑な内容も単純化してわかりやすく表現できるので、プレゼンでも効果的に使える。
> 一方、座標図は、異なる2つの指標（変数）を持つ直交する縦軸・横軸によって作られている。直交する2軸を使う点ではマトリックス図と同じであるが、座標が変数になっている点が異なる。座標が変数のため、配置する要素を座標平面の任意の位置に配置できるので、よりきめ細かい表現や分析ができる。

確認問題

第1回

第2回

第3回

採点シート

付録2

解答のポイント

解答のポイントを箇条書きで示すと、次のようになる。

- マトリックス図は、直交する縦軸・横軸を2分割して作った4つのマス目（象限）に、キーワードや分類した項目を配置したものである。
- マトリックス図は、全体の中で個々の要素がどのような位置付けにあるのかが明確になる。
- マトリックス図は、複雑な内容も単純化してわかりやすく表現できる。
- 座標図は、異なる2つの指標（変数）を持つ直交する縦軸・横軸によって作られている。
- 座標図は、座標が変数になっている点がマトリックス図とは異なる。
- 座標図は、座標が変数のため配置する要素を座標平面の任意の位置に配置できる。

実際の解答は、以上のポイントをもとに指定された文字数で文章にまとめる。

問題2（プレゼン資料作成分野）

B　標準解答

> 演繹法は、一般によく知られている原理・原則から始めて、説明したい事柄が正しいことを証明する方法である。いわゆる三段論法であり、大前提（既知の事柄）→小前提（事実）→結論（言いたいこと）という展開が基本になる。逆に、結論→小前提→大前提と、結論を最初に持ってくる展開の仕方もある。演繹法は、新しい政策や新製品の提案などのプレゼンに使われる。
> 帰納法は、事実1、事実2、事実3、…→結論のように、いろいろな事実から共通点を見つけ出して結論を導き出す方法である。結論→事実1、事実2、事実3、…のように、最初に結論を示した方が効果的な場合もある。帰納法は、調査報告や問題提起などのプレゼンに使われる。

解答のポイント

解答のポイントを箇条書きで示すと、次のようになる。

- 演繹法は、一般によく知られている原理・原則から始めて、説明したい事柄が正しいことを証明する方法である。
- 演繹法は、大前提（既知の事柄）→小前提（事実）→結論（言いたいこと）という展開が基本になる。
- 演繹法の展開には、結論→小前提→大前提と、結論を最初に持ってくる方法もある。
- 帰納法は、事実1、事実2、事実3、…→結論のように、いろいろな事実から共通点を見つけ出して結論を導き出す方法である。
- 帰納法の展開は、結論→事実1、事実2、事実3、…のように、最初に結論を示した方が効果的な場合もある。

実際の解答は、以上のポイントをもとに指定された文字数で文章にまとめる。

付録2　1級サンプル問題　解答と解説

問題3

標準解答

●森で遊ぼう！学ぼう！イベント提案書（表紙）

ポイント3

ポイント2

ポイント4

ポイント1

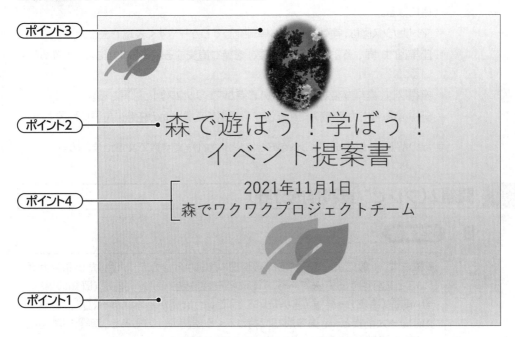

 解答のポイント

ポイント1

特定のデザインが適用されたテンプレートが指定されているので、指定されたテンプレートを使って作業を行う。

さらに、スライドの配色を指定されたものに変更する。

ポイント2

フォントを変える。

ポイント3

用意されているファイルから内容に適した画像を選んで挿入し、大きさや配置を調整する。

指定された効果を付ける。

ポイント4

指定された日付と発表者名を入力する。

●グリーンエコパーク来園者数

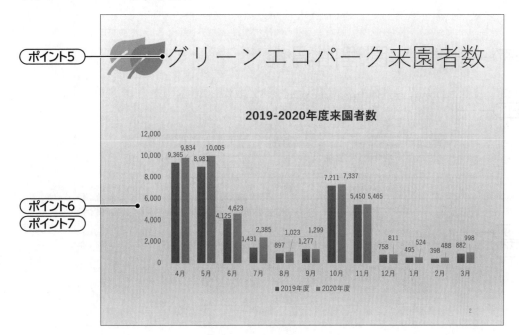

確認問題

第1回

第2回

第3回

採点シート

付録2

解答のポイント

ポイント5

指定されたスライドタイトルを、タイトル用プレースホルダーに入力する。

ポイント6

資料にある表のデータを使ってグラフ化する。

ポイント7

グラフ化したら、指定されたスタイルに変更する。また、データラベルを指定の位置に追加する。文字が重ならないように調整する指示があるので、重なっている部分を移動して調整する。

● 来園理由調査

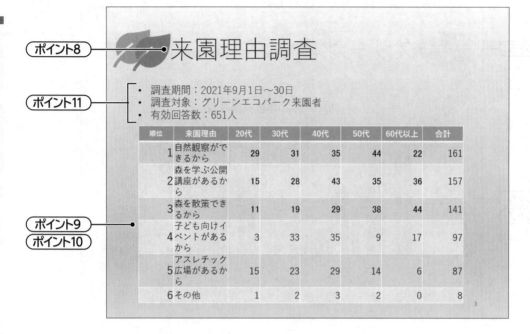

ポイント8

ポイント11

ポイント9
ポイント10

解答のポイント

ポイント8

指定されたスライドタイトルを、タイトル用プレースホルダーに入力する。

ポイント9

資料の表計算ファイルのデータに手を加えて、スライドに貼り付ける。
合計をした後、貼り付ける前に、Excelで並べ替えをするとよい。

ポイント10

テーブルデザインを使い、表の色をスライド全体のイメージにあった色に変更する。
この場合は、緑や青色を選ぶとよい。

ポイント11

テキストボックスを使って、調査期間、調査対象、有効回答数を箇条書きで入力する。

●グリーンエコパークの魅力と強み

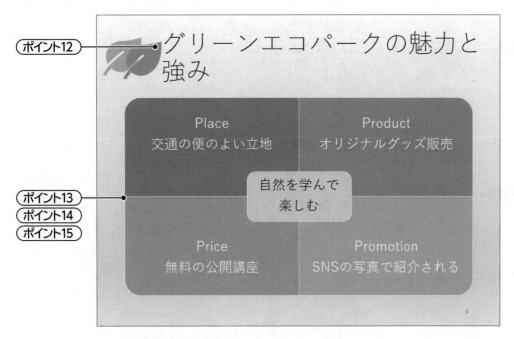

ポイント12

ポイント13
ポイント14
ポイント15

解答のポイント

ポイント12

指定されたスライドタイトルを、タイトル用プレースホルダーに入力する。

ポイント13

資料の説明を読み、4P分析のマトリックスを図解で作成する。

ポイント14

図形機能を使ってもよいが、SmartArtのマトリックスを使うと効率的に作成できる。

ポイント15

全体を表すキーワードを入力する。

確認問題

第1回

第2回

第3回

採点シート

付録2

● 森をもっと学ぼう！イベント案

ポイント16

ポイント17

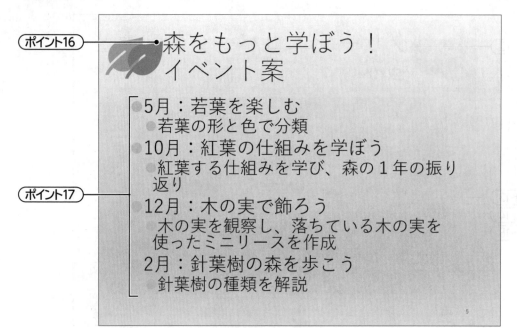

森をもっと学ぼう！
イベント案

- 5月：若葉を楽しむ
  - 若葉の形と色で分類
- 10月：紅葉の仕組みを学ぼう
  - 紅葉する仕組みを学び、森の1年の振り返り
- 12月：木の実で飾ろう
  - 木の実を観察し、落ちている木の実を使ったミニリースを作成
- 2月：針葉樹の森を歩こう
  - 針葉樹の種類を解説

5

 解答のポイント

ポイント16

指定されたスライドタイトルを、タイトル用プレースホルダーに入力する。

ポイント17

説明文を4項目2階層の箇条書きにする。問題文は、4つの文で構成されている。すべての項目についている「テーマ」の部分で分けて、2階層に整理する。「テーマ」はすべての項目に入っているので、省いてよい。

● 「木の実で飾ろう」イベントの内容案

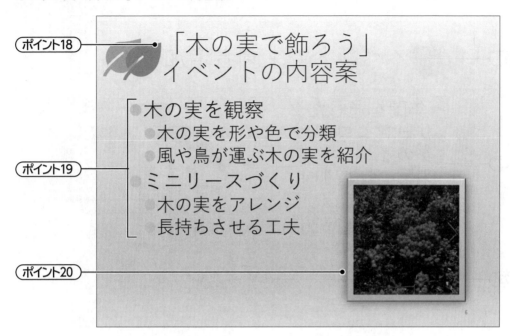

確認問題

第1回

第2回

第3回

採点シート

付録2

 解答のポイント

ポイント18

　　　指定されたスライドタイトルを、タイトル用プレースホルダーに入力する。

ポイント19

　　　説明文を2階層の箇条書きにする。問題文は、4つの文で構成されている。2階層2
　　　項目に整理する。

ポイント20

　　　用意されているファイルから内容に適した画像を選んで挿入し、大きさや配置を調
　　　整する。指定された効果を付ける。

●イベントで来園者増加！

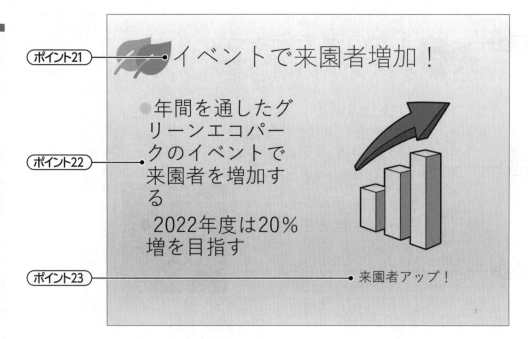

 解答のポイント

（ポイント21）

　指定されたスライドタイトルを、タイトル用プレースホルダーに入力する。

（ポイント22）

　2つのコンテンツのレイアウトを選択し、箇条書きと画像を配置する。

（ポイント23）

　画像の下に、テキストボックスを使って指定された文字を入力する。

（ポイント24）

　すべてのスライドを作成したら、スライドの順番を指示のとおりに変更する。

（ポイント25）

　表紙を除く全スライドに、スライド番号を表示する。

（ポイント26）

　すべてのスライドに画面切り替えの効果を設定する。